働き方改革と
AIの活用

佐藤好男

東京図書出版

はじめに

私は昭和五十六年にシンクタンク企業に入社したが、学生時代に学んだ都市計画を扱う部がなく、学部のゼミなどで少し勉強したことがある交通計画・交通政策関係の業務を担当することになった。

入社年度は仕事を覚えようと、がむしゃら、必死だった。朝九時に出社し夜九時まで仕事をしていた。九月以降は仕事の都合で一日おきに帰宅、十二月にはさらに一週間に一度帰宅する生活も経験した。若かったので、疲れを感じることはなく、時には泊まり組の一人として新橋駅近くの吉野家の牛丼を買ってきて食べ、社内で酒盛りをして夜を過ごしたこともある。

建設コンサルタントであるが、シンクタンク組織で受託する業務は調査・研究的な業務が多く、高校・大学で勉強した「設計」(事務所建築物、橋梁などの土木建築物)という分野の業務経験はない。設計業務も知らず、建設現場経験もない。もっぱら室内での事務・統計数理計算だ。

ちなみに初年度の仕事として、ある都市の十五年後の各種経済指標を予測する業務を担当した。システムダイナミックスによる都市モデルの作成・将来値の予測である。また、デュアルモードシステムとして、都市内バスシステムや都市間トラックシステムの利用者数予測、物流量の予測、採算性の検討などのプロジェクトに参加し、FORTRANによる計算プログラム作成で時間が過ぎていった。なお、ここでの「デュアルモード」とは、一般道路は運転手が操作し、軌道上・高速道路は無人運転、軌道・高速道路を降りたら、また有人運転になる運行方式である。

国や県・市の将来のインフラ計画の必要性、将来人口予測や交通手段別の利用者数の予測、投資効果としての経済効果など、主に数字で計画の必要性や妥当性を評価する仕事を担当した。入社年度、最悪に忙しかった十二月には、朝九時に委託先の市役所に行って、会議を夜中の九時まで行い、帰社してコンピュータにデータ入力、関数式のパラメータ推定を行い、次の日に委託先に報告するという、かなりハードな日々を過ごしたこともある。将来の人口だけでなく、世帯数や住宅数の予測なども担当していたので、多くの時系列データの入力、回帰式のパラメータ推計が必要だった。

最近言われている「働き方改革」が必要な生活を入社一年目から経験していた。

また、入社五年後にはコンピュータ、パソコンでの簡単なプログラム作りも多くなり、様々な多変量解析手法によるデータ分析、その他道具としての分析システム作成にも取り組んだ。

例えば、データの集計用ソフトのプログラム作成から始まり、十五年後の将来交通量を推計する四段階推計システムと連動した主体別の費用便益分析用のプログラム作り、地下鉄整備の投資効果算出のための産業連関分析プログラムの作成、鉄道駅周辺に集中する自転車駐車需要推計システムなどである。この頃は科学技術計算用のＦＯＲＴＲＡＮやＢＡＳＩＣでプログラムを作成していた。

入力したデータをどのように変換して、目的とする値にするのかの手順（フローチャート）が書けて、様々な関数を使えるようになれば、数値解析、シミュレーション、将来予測、効果把握などができるようになる。

過去に作成したプログラムの多くは行列演算であり、データを複数のカテゴリーでカウントして縦構成比・横構成比を算出してグラフ化するプログラムの他、産業間の金額表をもとにした産業連関分析や、人々の地域間の移動を扱う交通量の将来予測などがある。

また、平成に入ってからは中心市街地の活性化に向けた再開発や駐車場整備の効果予測、人々の一日の動きのデータ（パーソントリップ調査）をもとにしたバス路線推計システムづくり。さらに、バブル崩壊後に特に問題になった道路整備の優先度の評価にＡＨＰ手法（階層構造法）を組み込んだ分析システム作成など、新たな計算システムづくりにも取り組んだ。

これに対して、最近はＡＩの開発・業務への活用が必要になってきている。

「ディープラーニング」が人工知能開発に加わり、情報量・判断力に優れたコンピュータが人間の仕事を奪うことが予測されている。人工知能が人間の脳を超える「シンギュラリティ（Singularity）」は二〇四五年頃と言う人もいる。その頃は多くの職業は人工知能を使った道具に置き換えられるとのこと。

建設コンサルタントの世界は比較的多分野または高度な情報を必要としており、新たな発想、アイディア、デザインなど、現在のコンピュータが容易に対応できないことが多い。しかし、私が過去にやってきた分析システムづくりなどは簡単にＡＩに奪われることは明らかだ。

最近の人工知能の開発速度はコンピュータの処理速度の向上から、急激に高まってきており、今後の建設コンサルタントの在り方が気になっている。そのため、建設コンサルタントという職業の紹介と私が経験してきた分野の紹介を行い、最後に建設コンサルタントが少しでも生き延びるためには何が必要なのか、どんな作業をＡＩに任せられるのかを考えてみた。

今後十数年は建設コンサルタントの活躍の時間は残されているが、どう考えてもＡＩを活用した業務遂行は不可欠になる。これから建設コンサルタントになろうと考えている方々や企画部門に従事している方々の参考になれば幸いである。

また、働くということに残業がなぜ必要なのかなどについても経験をもとに記述した。

働き方改革とＡＩの活用◇目次

第二章　官公庁業務の特性と公務員のあれこれ …… 93

第三章

第四章 ＡＩを活用して競争力を高める

第一章

事務系建設コンサルタント業界の概要

仕事の概要

コンサルタントの仕事環境

「コンサルタント」「シンクタンク」と言えば多少は知的水準の高い職業に聞こえる。確かに、政治・経済関係のコンサルタントはテレビなどでコメンテーターとして活躍している。

これに対して、建設コンサルタントは華やかな職業とは異なる。国・地方自治体相手で、「下請け」的存在である。今の国・自治体の職員は政策を立案し、その具体化のために建設コンサルタントに仕事を発注している。

国のキャリア組の職員、政令指定都市以上の職員の中には自分で政策を立案する情報量を持っている人が多い。もちろん、全員ではないが、多くは自分で調査研究を進める能力を持ち、コンサルタントにどんな指示をすればよいのか、どのように付き合ったらよいのかを理解している。

地方自治体の職員は、国が進める事業を補助金を通して実施しなければならないことを理解して、どんな調査成果にすべきなのかを理解している。地方自治体の多くの調査研究の成果目標はすでに決まっている。霞が関の政策情報が地方に伝達されている。

一方で地方の問題・課題に対する調査も国の補助なしで独自に進められるが、大きな調査事業は国の補助金があり、国・本省の関係課の了解を必要としている案件が多い。

私が関わった調査業務の中では、地下鉄整備計画、地域高規格道路の整備計画、バスターミナルの整備計画などは、必要に応じて調査業務を担当している職員が霞が関に行って国の関係機関との調整を行う。

都市圏別に十年に一度の割合で実施する「パーソントリップ調査」「物資流動調査」、空港関連の計画も同様である。さらに交通政策関連では、国が歩行者・自転車の安全性確保に向けた交通政策に関する事業・計画を三分の一の金額を補助して実施している。国は補助金を通して日本全体の社会資本整備に関わっている。結果として、地方独自の交通政策に関する調査研究はあるが、金太郎飴のような仕事も多い。金太郎飴の仕事を二つも経験すれば、立派な「仕事人」またはその分野の「プロ」になれる。

このような業務環境のため、建設コンサルタントに求められることは、構想や計画の具体化のためのアイディアが出せるか、実現手法を開発・実行できる能力があるかどうかということになる。

発注側としては、このような企業・人材を入札方式（金額提示による入札方式やプロポーザル方式）を通して選定する。官公庁の場合、業者選定・入札は年度後半に多くなり、多くの調査・研究業務の受託期間は六カ月程度が多く、冬場や年度末に残業時間が多くなる。

事務系建設コンサルタントの年収はシンクタンク系や総合コンサルタント系は比較的高いが、就業時間は他の事務系業種より長い。

仕事内容は、特定自治体の問題・計画課題に対応した業務の企画書作成、自治体への営業活動、入札を含む受託手続き、業務の実施・報告資料の作成などで毎日多忙な日々を過ごしている。

残業は成果が出るまでに必要な行動に過ぎず、成果が残業よりも必要とされる世界でもある。残業を軽視しているわけではなく、社員には自主的な健康管理が求められ、疲れたら休憩し、体調が悪ければ休むことは、他の事務系業種と同様だ。

しかし、職業によっては過酷な労働をしている人々もいる。お医者さんだ。

日本の医師の数は人口千人当たり二・三人であり二〇一七年のＯＥＣＤの統計では三十五カ国の中で三十番目。アメリカは二・五五人で二十八番目である。皆さんも病院に行って一時間待っていたのに十分足らずの診療を経験したことでしょう。私は先日、一時間待って五分の診察だった。

高齢者が増加している日本では通院率（人口千人当たり）の平均は三七〇、八十歳以上では七〇〇を超えている。医師不足に対して患者が増加している。こんな中で過酷な生活をしているのが二十五〜三十五歳の医師で大学病院等に勤務している医師とのこと。病院側はこれらの年齢層の医師を安い給与でこき使っていることになる。ある子持ちの三十歳くらいの女医は、月給一九万円で手取りは一四万円。こんな給料では生活できない、子育てができないということで他にアルバイトをして生計を立てていた。こんな生活では明らかに睡眠不足になり、体調管理が重要になる。

医師の長時間労働、睡眠不足は開業医にならないと解決されないようだ。医師の家系に生まれた人はこんな経験をしないでも済むが、そうでない人には苦労が待っている。

こんな人々から見たら、事務系コンサルタントの生活は一時的な睡眠不足にすぎない。

標準的な仕事のプロセス

官公庁からの受託業務であり、調査研究とは言え、一般的な請負業務と同様なプロセスとなる。

私が勤めていた会社では計画・行政、環境、人的資源、社会配慮、都市衛生、運輸・交通、社会基盤、農業、水産、商業・観光、科学・文化に関する調査研究などを請け負っていた。

このような業務のプロセスは概ね次のようになる。

○顧客が抱えている課題・計画の内容の理解
○受託調査として基礎調査を行い構想・立案を提示（報告資料の作成）
○受託本数は少ないものの計画立案、基本設計、詳細設計などの業務もある

これらの受託業務を進めるために、次のような手続きが必要になる。

○営業段階では顧客の課題・計画の実現のための企画提案書と参考見積書を作成して、実際の営業活動（企画提案書の作成、入札への参加など）を行う。
○調査研究業務を受託した後は、業務を担当するプロジェクトリーダー（主任技術者）、照査技術者、プロジェクトマネージャーなどを設定する。
○必要に応じて、外部の協力企業に対して実態調査（アンケート、ヒアリング、交通量調査など）を依頼し、業務の実施体制を整える。
○次に契約書類に基づいて品質計画書や業務計画書を作成し、発注者から必要なデータを受け取り、調査研究活動に入る。つまり、対象地域の現状把握、データ収集・分析、時には海外の資料にも目を通して施策提案に向けた検討を行う。
○業務は契約書・仕様書・業務計画書に基づいて、発注者との何回かの打ち合わせを行い、顧客のニーズを踏まえて報告書類（報告書、概要書、パンフレット、整備のための図面

など）を作成する。
○完了検査による記述内容確認後に印刷報告書として提出する。

このようなプロセスは、民間企業の業務の進め方と大きな違いはない。

ただし、都市問題や交通問題を解決するための政策・計画などの実現に向けた調査研究業務であって、通常の定型タイプの業務やルート営業などとは異なる。

また、一つの調査研究事業の中ですべてを解決できることはなく、ある切り口から見た解決策に対応した調査研究が多い。また、顧客が官公庁や財団法人などの外部団体に限られている。

なお、官公庁の業務では国際規格や国内規格としてのＩＳＯ９００１やＩＳＯ１４００１、必要に応じてプライバシーマークなどの資格も必要となる。これは個人を対象としたアンケート調査を行うために、その情報を適切に管理することが必要なためである。

さらに、業務の開始時、途中打ち合わせ、終了時などに必要な記録物・書類を作成する。この記録物の作成は意外に時間を取られる。

また、所長、部長になると新人採用の面接・評価にも関わる。

このような記録物の作成や面接・評価はＡＩに任せたい作業の一つでもある。

業務獲得のための営業

私が入社した昭和五十年代の業務の半数は過去の顧客からの依頼だったため、他の業者との競争は少なかった。しかし、バブル崩壊以降は、指名入札でも指名される業者数が二倍になったことや、業者登録（一定の資格を持っている法人・個人が業務を受託したい官公庁に書類を提出する）がしてあれば誰でも参加できる一般競争入札が多くなった。

結局、どの企業も受託しにくい環境になった。

最近は、プロポーザル方式の競争でも自治体が参加できる企業を抑える、または特定業者に有利になるような参加資格を設定している場合があり、未だに完全な競争を確保しているとは言い難い。

この背景には、成果品の品質を確保したいという官公庁側の意思が働いている。

官公庁の調査担当者は民間企業と同様に、上司にいい成果を提示することで、官庁内での評価を高めたいという意識が働く。官公庁の発注では「前例主義」という言葉があり、過去に委託した企業に発注するという姿勢が今でもみられる。

こんな受託環境になっても、一つの調査が終わった段階で残された対応、課題をメモして企画提案書、調査をする場合の必要経費などを官公庁に提出する営業活動は必要である。

企画力・プレゼン力は必須

特にプロポーザル方式による業務受託の場合は、何人かの評価者を説得し、わが社なら良い成果を提供できるということを示す必要がある。多くは、ＰＰＴ（パワーポイント）を使用して、十分、十五分など限られた時間内に、簡潔な表現で説得力のある説明が求められる。

何が説得力を上げるのか。それは最終成果品を示すばかりではなく、その成果に至るプロセスとして、どんな分析手法を使うのか、技術者の体制、利用する資料・データの内容なども提示する必要がある。最も評価者に受けるのは、新たな分析手法、大学で研究している最新の考え方などが盛り込まれていること。国の調査研究ではこんなことも重視される。

単なる、業務の進め方や一般的な手法の説明では評価されない。

そのため、ＰＰＴでの表現方法、提示方法だけではなく、常に新たな情報に接すること、新たな分析手法の勉強に日々の時間を割く必要がある。

なお、説明時間が短いのは、要点を説明できる能力があるかどうかを見るためだけが理由ではなく、事前に提出が求められている企画資料で既に評価されていることや、お気に入りの業者に決めている等の場合もあるためと推察される。

日々の情報収集

日常の業務に必要となる専門分野の情報として計画情報の入手、分析手法の習得、そのための各種学会への参加等があげられる。

◇計画情報の入手

私の場合は交通計画や交通政策の業務が多いことから、国レベルの計画情報、県市レベルの計画情報が必要となる。交通計画や交通政策のためには、地域の人口分布、都市施設の配置状況、公共交通改善計画、各種交通施設の整備状況などを押さえておくことが必要になる。また、交通施設の整備・改善に必要な財源の確保は可能か、計画の推進体制はどのようになっているかなど、多分野の基礎情報が必要になる。

このような業務に必要な情報は、今ではインターネットでかなりの部分を入手できるようになったが、外部の研究会、講習会などに参加して入手することもある。

◇分析方法の習得

実際にデータ分析を進める段階では、市販の分析ソフトを購入・学習する。また、分析のための理論や解析手法などは書籍から入手することも多い。

データ分析に必要な範囲は、担当する業務により異なるが、将来人口予測は欠かせない。最近の人口予測方法の代表例はコーホート要因法である。人口が右肩上がりで伸びていた頃は関数式で全体の動向を予測していた。人口が増加している時代は時系列データから、簡便なS字カーブの修正指数曲線なども利用していたが、少子高齢化社会では利用できない。少子化対策、高齢者対策など年齢階層別の政策が必要になった頃から、コーホート要因法や性・年齢別人口予測が求められている。人口が増加している地方の核都市もあるが、多くの地域ではほとんど減少しているため、その内訳を明らかにする必要が出てきている。

次は現況データ分析に利用する回帰式である。回帰式は説明したい数値をいくつかの要因で説明する方法である。例えば、将来人口の増減を左右する合計特殊出生率（十五〜四十九歳の女性が一生の間に産む子供の数を母数の人口で割った値）の変化には女性の高学歴化、結婚年齢の晩婚化、家族構成、年間収入など多くの要因が影響している。また、回帰式のパラメータを求める場合にはいくつかの説明変数を直接代入する方法の他、コンピュータソフトの中で、説明力のある変数を自動的に設定する方法がある。

また、被説明変数と説明変数が、実数なのか、カテゴリデータなのかによっても適用するモデル式が異なる。前記の重回帰式の被説明変数が実数を取り扱うのに対して、カテゴリデータの場合は数量化第Ⅰ類を利用し、判別する場合は実数が判別分析、カテゴリデータなら数量化第Ⅱ類など、いろいろな分析方法がある。その他、多変量分析の世界でよく利用されている手法に主成分分析がある。主成分分析は、多次元データがもつ情報をできるだけ損なわずに低次元空間に情報を集約する方法である。別の見方をすれば、主成分分析は多数の変数を分析するための統計手法である「多変量解析」の中でも、明確な結果変数（目的変数）が存在しない分析手法とも言える。

計算結果の指標として、固有値、寄与率、累積寄与率、主成分負荷量などの数値が分析対象の変数ごとに表示されるので、どの変数が中心的存在なのかが明らかになる。

多くのデータからその特徴を抽出することは、ＡＩ（ディープラーニング）の得意分野でもある。

その他にも、データの分布状況、異常データの抽出・削除、よく利用される変数間の因果関係、相関関係に関する多変量分析の基本をマスターすることが必要である。現在では、パソコンで検索すれば、多くの多変量分析ができるようになった。市販ソフトもある。必要なデータ分析が出来たら、その解釈、そこから導かれる提案事項については、業務を担当するメンバーで何度か議論し、実現可能性の高い提案を絞り出す。

顧客の信頼を得るための心得

顧客満足度を上げるために、どんな要素があるのかを身をもって会得しなければならない。

どんな仕事も同じだ。顧客満足度を上げるためには、仕様書に沿って調査結果を着実に提出していくことが必要であるが、提出日を少しでも早め、良い成果を報告すること。

これだけでも、顧客の信頼を得て、満足度を高めることができる。また、予定していた効果把握以外の効果について分析、整理することでも顧客の満足度を高めることができる。

予定された金額以上に浪費して、アンケートの回答数を増やすことや、報告書の枚数を増やすことではない。報告資料はなるべくコンパクトに、わかりやすく、行政の調査担当者が上司に報告しやすいようにしておく必要がある。また、最近では行政のホームページに報告資料を掲載して、一般市民にもわかるようにしている。そのため、報告資料自体、読みやすさ、理解しやすさが求められている。

入社して三年目頃に、「報告資料は中学生でもわかるようにわかりやすく書くものだ」と主張していた行政側の担当者もいた。建設コンサルタントの文章は文学作品ではないため、シェークスピアの小説のような難解な言葉は使わないようにすべきとの主張である。

技術文書は簡潔な文章で、事実を淡々と記述していくことが求められる。必要のない感想文はいらない。一つの文の長さも二〜三行程度の短さが求められる。

稼ぎ方は人それぞれ

シンクタンクの営業は入札情報や財団法人の調査研究業務の情報を入手し、入札の対応をすることであり、以前勤めていた会社では研究員が自分で獲得する。しかし、同業者の仕事の仕方は様々である。

新しい分析手法を開発して横断的に稼ぐ

私が作成したプログラムはそれなりに多い。科学技術計算用言語である、ＦＯＲＴＲＡＮ、ＢＡＳＩＣなどの言語で作成されたプログラムは単なる計算手順、判断手順を示したものであり、人工知能ではない。プログラムの処理はコンピュータの得意分野であり、三十代の頃は多くのプログラムを作成した。

その一つとして、先輩の指導のもとに都市の十五年後の姿を数値で描くために開発した都市モデル（システムダイナミックス）、人の一日の動きのデータ（パーソントリップ調査データ）を活用したバス路線推計プログラム、地下鉄整備の経済効果として産業別の生産誘発額や市の税収を推計するための産業連関分析システム、さらには、市民の道路に対する要望をアンケートで把握して、ＡＨＰ手法（構造解析手法）を活用した都市計画道路整備の優先度の評価システムなど、行政の需要・ニーズに応えるための各種計算システムを作成した。これらのプログラムのうち、バス路線推計システムはパーソントリップ調査データが存在すれば適用できるシステムであり、三都市に適用した。また、道路整備の優先度評価はバブル崩壊以降、道路整備財源が少なくなったことから需要が多く、数都市に営業し適用できた。

このようなプログラム作成により、業務を確保し、また安定した利益確保ができた。

今後十年くらいはこんな仕事のスタイルが通用するだろう。

技術者は新しい分析方法やこれまでになかった問題解決方法を見出すことが理想的な仕事の仕方である。言い換えると「建設的な提案活動」を続けること。

官公庁の調査ニーズに対して自分で新たな方法を開発して、その方法を世の中に広めたい。これが技術者本来の生き方と考えており、最も受託数、受託額を高めることができる。

すべての業務で新たな考え方をすることは難しいが、年に一つくらいは作成可能である。

私の場合、新しい分析方法を作成し、業務の横展開（複数の自治体に適用すること）ができた分析道具として、次のようなものがある。

○昭和五十年代の鉄道駅周辺への自転車の放置問題を改善するために、当該駅に何台の駐車施設が必要なのかを提示する「鉄道駅周辺への自転車の集中・駐車需要の予測システム」の開発。

予測方法そのものの基本は学生時代に整理した方法であるが、データの取り扱いをゾーン扱いからメッシュデータに切り替え、パーソントリップ調査データ、国土地理院の標高データ等を活用し、比較的シンプルな方法かつ自治体職員が扱いやすい方法とした。

この方法は同じ政令指定都市であるが複数の部課で新たな仕事になり、また派生した関連業務も受託できた。

○バス路線が衰退し廃止問題が出始めた昭和六十年代、平成の初期に、人の一日の行動データをもとにした「バス路線推計システム」を開発した。

この手法の開発にあたっては既存の文献で紹介されていた路線設定の基本的考え方を取り入れ、より実務的な方法として発展させ、将来のバス需要を求め、事業体の経営の基礎資料として報告した。

この手法により三都市で業務を受託できた。

○日本のバブル崩壊以降で道路整備の優先度評価が求められるようになった平成五年以降に、市民意向を加味し、説明責任に堪えうる「道路整備の優先度評価方法」を開発した。

このシステム作成ではAHP手法（階層構造法）を採用し、多数の評価指標の重みが分かるようにした。それ以前の選択肢評価には評点法（選択肢ごとに評価ランクを設定し点数化して判断する）がよく利用されていたが、個々の要因の重みがわからないなどの問題があった。

平成七年頃に基本的な分析の枠組みを作成し、平成九年度以降に複数の都市から受託した。

○その他、自動車交通量配分手法での評価指標の改善、開発計画が中心商店街の顧客回復にどの程度の効果があるかを試算する方法の作成などがある。

自動車交通量配分を使う業務は入社一年目に自分でプログラムを操作し、三年目に各種配分結果の評価指標を整理した以外は、協力企業に委託していた。同様な業務は退職までに五十数回受託した。

二番手として稼ぐ

モノづくりの世界に「リバースエンジニアリング」という言葉がある。製品を分解することで製品の動作方法、設計図などを再現して、類似の製品を作り上げることだ。

これと同様に、作成された報告資料をじっくり読み、どんな考え方、手法で実施したものかを明らかにすることで、業務経験がない第三者が同様な調査を展開できる。

最初の思い付きはできなくても、二番手として調査業務を獲得して、稼ぐことができる。

この機会を与えるものとして、国土交通省及び地方国道事務所などでは、企画書提出前に過去の調査報告書の閲覧機会を提供している。報告書閲覧により調査全体の構成、技術的な分析方法の具体的な理論、考え方、手法などを勉強する機会が得られる。

過去の報告書の閲覧機会を提供しているのは、情報公開という意味もあるが、目的の一つとして新たな分析方法を求めている調査業務に多い。

なお、報告資料の閲覧では、メモとして書き写す他、デジカメで記録できる場合もある。

全国営業展開で稼ぐ

江戸時代に行われていた参勤交代は、地方から江戸に向かうことで、江戸の生活状況や江戸の商品に出会い、その情報や商品を地方に持っていくことで、地方に江戸の風を届けていた。参勤交代は往復の移動によって、その経路上の旅館や店の活性化にも役立った。また、江戸で生活をすることで江戸の町に賑わい・活気を与えていた。

こんな行動と同じように、本省・国土交通省の考え方や今後の事業予定などの情報や考え方を地方の事務所や自治体に伝えることで調査研究業務の受託機会が得られる。

また、国土交通省や関連の研究機関の業務には全国展開するための事業を研究していることも多く、調査費の補助制度や事業実施のための補助制度を設定して全国の多くの都市で実施される調査も多い。

シンクタンクの研究員はこのような調査事業の情報を先取りして地方での営業情報として活用している。私が勤めていた会社にも、こんな活動をしていた研究員がいた。

全国を出張する日々で、飲食費などの経費も浪費していたようだ。地方特有の土産品や食べ物との出会いを楽しんでいたのかもしれない。

財団法人から受託する

国関係の財団法人は、国の政策にかかわる新たな調査研究業務を分担している。例えば平成になってから、社会実験として地方中心市街地の商店街の活性化に向けて商業地域に路線バスやタクシーなどの公共交通優先空間を作り、安全快適な歩行空間を提供することで、中心市街地の買い物客や観光客の増加を図り、中心商業地の活性化を支援する。このような社会実験の実施では、対象地区の実験期間中の自動車、歩行者などの日々の動きを記録し、効果を予測する。時には商店街への人の移動量や購買単価から販売額などの金額ベースの効果や今後実施する場合の留意事項などを整理する。

また、全国的な自転車空間不足の改善に向けて、自転車走行空間を整備し、歩行者、自転車交通量の観測、事故の削減効果などを計測して、自転車道整備の有効性・効果を報告する。

近年では、シティサイクルシステムの普及を図ることにより、商業地区内、公共施設、学校などへのアクセスを確保するために、無料の自転車等を利用していただく実験など、その他多くの社会実験などが行われた。

社会実験はいろいろと入れ替わりがあり、おいしい受託業務になっていたようである。

規模の大きい企業から受託する

コンサルタントの業務の中で、実態調査（観測調査、アンケート調査、ヒアリング調査など）や効果分析作業（交通量配分作業、データ集計作業など）、パンフレットや報告資料の印刷などを協力会社・下請け業者に依頼することが必要になる。互いに得意分野を分担してよい成果品を作成するためである。

例えば、交通量調査やアンケート調査をするためには、調査員を確保して、特定の地区に借りた車両で早朝の時間帯や時には夜間を含めて移動することが必要になる。このようなことは、協力会社として登録している調査会社に依頼する方が効率的である。

一方、電子計算機を利用して交通量配分作業を行い、評価値を算出するような専門的な業務を分担している少人数の会社があり、このような会社が協力会社として分業していた。

このように、特定の分野で能力を発揮できる会社は規模が大きい企業の下請けとして貢献している。過去には、ＮＥＣ系列の計算業務部隊や住友系の計算部隊を協力会社として採用したこともあるが、基本は小規模企業が大きな業務を受託する企業の下請けとして働いていた。

特定分野の計算技術を持っている小集団として働くことも一つの生き方と言える。

下請け業務はどんな業種でも元請けよりもつらい。

就業時間はあってないようなもので、元請けの設定した納期に間に合わせることが求められ、徹夜は当たり前になる。

定型的な業務では残業の必要はないが、コンサルタントの世界では、多くの調査では元請けの的確な指示もなく、作業上の問題も多く、体を壊す人もいた。

過去にデータベースシステムづくりをお願いしていた企業に、アメリカから入手したソフトの適用方法を勉強している社員が数日寝込んでいた。

後日聞いた話であるが、彼は優秀で働き盛り、毎日パソコンとにらみ合いながら、眠い目をこすりながら徹夜の連続だったとのこと。

コンピュータ関係の協力会社とうまくやっていくために、様々な交通量予測に関する計算方法を伝えることや、新しい計算プログラムを大学の先生から教えて頂き、協力会社に渡したこともあった。互いに分析のための情報を共有する関係を作ることで、長い期間付き合うことができた。

仕事は「三人寄れば文殊の知恵」～チーム編成も重要～

技術者の多くは特定分野の情報・知識を蓄積し、ある程度狭い分野の仕事をこなす人が多い。私の会社でも、それぞれの公共系分野の業務を担当していた。

一方、交通計画の簡単な評価の例でみても、将来動向として人口がどの程度か、将来の鉄道や道路の利用者はどの程度か、建設費の地域への経済効果はどのくらいか、整備された鉄道や道路を利用すると利用者の便益はいくらになり経済効果としてどの程度見積もれるのか、多方面の数値計算が必要になる。

まず、人口の将来予測では、一般的にコーホート要因法を利用する。算出方法は単純であり、年度ごとの出生数、男女比からゼロ歳人口を算出し、年齢別の生残率（死亡率の裏返し）、社会的移動率を与えることで五歳ピッチ、または一歳ピッチの人口を求めていく。

次は、人口や産業の将来予測値をベースとして生成交通量、地区別の発生集中交通量、地域間の分布交通量、地域間の利用手段別の交通量を求める。そのあとは地域の大きさや交通機関の整備状況によって異なるが、鉄道利用者、バス路線別の利用者、道路（高速道路、国道、県道、一般道）の路線区間別の車種別交通量を求める。

各種交通量を求めるためには、十年に一度観測されるパーソントリップ調査などから得られる交通データをもとに推計モデルを作成する。また、五年ごとに実施されている道路交通センサスとの比較を実施し、推計交通量の精度を確認する。

また、建設費から地域への経済効果を算出するために、五年に一度作成される産業連関表をもとに、公共投資を行った場合の産業別の生産額を推計し、時には自治体の税収や新規雇用者数などを算出する。さらに、道路交通量配分作業、鉄道やバスの利用者数の推計作業（ルート選択含む）でも推計モデルがあり、年度によってはパラメータの修正作業などを行う。

各種交通手段を利用することで得られる利用者便益の推計では、道路の場合は利用者が受ける時間短縮便益、走行経費の節約便益、交通事故の減少便益などを求めることが必要になる。これらの算出方法は国土交通省が設定した費用便益分析マニュアルに示されている。

そのあとに続く、道路整備の優先度の評価作業があり、優先度の評価方法についても都市計画道路整備プログラム策定マニュアルが設定されている。これらの予測、評価作業は協力会社も含めて、経験豊富な作業担当者で、分担・実施することで、わかりやすい成果となり、次の業務獲得にも期待が持てる。

業務実施前に作業担当者を決めて、業務実施計画を作成する、これが一般的な進め方でもある。

建設コンサルタントに限らず、最近増えているキャリアコンサルタント（就職を希望する人に対して、様々な相談支援を行う専門職）なども自分の得意分野で技術を生かし、不得意な分野についいては得意な人と協力していくことが求められ、このことは倫理規定として扱われている。

後輩との分析手法の共有

事務系コンサルタントとして生計を立てていくためには多くのことを学習して、自分の仕事を遂行していくことが求められる。特に、各種データ・資料の分析に関する知識を蓄積していくことが必要である。仕事が発生してから勉強すると時間がない場合があり、書籍や他の人の知識を活用することも必要になる。私も会社員時代にいくつかのことを後輩に教え、伝えてきた。例えば次のようなことがあげられる。

◆多変量解析の事例紹介

入社十年目の頃、その年の新人に対して、データの分析の基本となるいくつかの事例を約二時間で説明したことがある。最も基本的なデータの見方としての相関関係、そして予測式としての重回帰式や数量化第Ⅰ類、データの判別をする場合の判別分析。さらにデータをグループ分けする手法であるクラスター分析や数量化第Ⅲ類。さらにいくつかの変数から主な要因を抽出するための主成分分析など、仕事で利用した例を中心に説明した。

ちなみに重回帰分析や判別分析はデータが実数の場合であり、数量化第Ⅰ類や数量化第Ⅱ類はカテゴリデータの場合に適用する。

これらの分析手法は学生時代に富士通の中型計算機と統計パッケージを使って、事例を含めて勉強していた。

◆アンケート調査実施時の必要サンプル数の算出方法

市民アンケート調査をする場合、アンケートの対象となる市民の数、回収して算出した構成比の誤差をどの程度まで許容するかによって回収数を変えることが必要になる。

また、アンケートは全員が回答してくれないので、想定される回収率を過去の実績などを参考に設定して、印刷する部数を決める必要がある。そのため、決まった計算式に基づいて必要サンプル数を算出する。この計算式はエクセルに入力しておいて、いつでも計算できるようにしていた。

◆事業効果を見るための産業連関分析の方法

産業間のお金のやり取りについて総務省が実施する五年ごとの調査結果に基づいて、日本全国や都道府県別の産業連関表が作成されている。この産業連関表はインターネットで公開している県もあり、冊子でも見ることができる。例えば一千億円の道路整備の場合、どんな産業にどの程度の生産が必要になるのかを生産誘発額として算出する。大半は建設業に集中するが鉄、コンクリート、作業服、飲食関係業種などほとんどすべての産業に影響する。また、事業効果としての税収効果や雇用者数がどの程度必要になるかを算出する。税は全体の生産額と税収額の実績をもとに算出し、雇用者数は一人当たりの必要経費と生産誘発額の関係から、新たに雇用される人数を算出する。

産業連関分析については、東洋経済新報社などが簡単に利用できるソフトを販売しており、便利な世の中になったが、私が最初に算出した時は自分でBASICでプログラムを組んでいた。

今なら、エクセルを使って簡単に算出することもできる。逆行列係数と投資額が設定できれば、産業別の生産額は簡単に算出できる。

ちなみに現在の投資効果（投資額に対する効果の倍率）は、一・六程度でありバブル期の二・〇以上より低下している。つまり公共投資の経済効果は下がっている。

◆道路整備の優先度を検討する場に利用できるAHP手法

一つの都市内には未整備の都市計画道路が多く存在し、整備費用が少なくなってきたバブル崩壊以降ではどの区間を優先的に整備すべきかを設定し、国に補助額の申請資料を提出する。国が設定している都市計画道路の優先度を検討するマニュアルに基づいて、設定した指標の扱い方、道路交通量配分手法によって推計する交通量、設定した指標の重みづけをするための市民アンケート調査票の作成方法、留意点などの情報が必要になる。

AHP手法を使うことについては国のマニュアルに記載されていなかったが、私の過去の調査実績をもとに、自治体の調査担当者に説明した。

しかし、キーとなる指標の重みづけについては、AHP手法に頼らず、単なる度数の算出によってやりたいという自治体も存在した。

◆道路交通量配分手法、鉄道交通量の予測

道路網計画調査では計画している都市計画道路網の交通量予測のために交通量配分手法を利用している。予測手法のモデル式は三十年前と現在では異なる。過去の方法はある地点から別の目的地に行く場合、一般道路だけで行く場合と高速道路を利用する場合では、ルートは異な

るが時間や費用を最小にするという点では基本的には同じである。利用している計算方法は異なるが、道路種別ごとの速度設定や料金などについての基本的な情報は同じ値を使う。

新人に対してどんな手順で作業を進めていくのか、交通量配分結果をどのように活用していくのか、算出された交通量の評価（現況再現性）の方法や各種評価指標（区間別の交通量、混雑度、平均トリップ長、交通負荷量など）を報告資料での表現パターンなどについて説明した。

同様に鉄道利用者数の将来予測についても、鉄道駅別の乗降人員数の予測、路線区間別交通量の予測について利用する算出式なども含めて説明した。

新人に対する、このような説明により、自分が担当していた業務を後輩に引き渡すことができ、協力して受託業務を遂行することができた。

シンクタンク企業職員の仕事例

業務の発注方式と受託

顧客の多くは国・政令指定都市のキャリア組で、地方自治体でも有名な国立大学出身者が多い。基本的に受託する調査の政策や計画の方針が決まっていて、その裏方作業になる。

受託調査は、億単位の交通実態の把握、データ集計・分析、将来計画、経済効果把握など、実施項目が決まっているだけで、調査成果は何回かの話し合いをもとに整理する。もちろん、成果に至る過程での分析手法の提案、パンフレットなどでの表現内容の提案は多くの調査業務で求められる。

調査受託までのプロセスとして、平成十年度以降は一般入札方式やプロポーザル方式が多くなったが、私が入社した頃は半数が随意契約方式か指名競争入札だった。

随意契約方式は企業の受託実績、実施能力などをもとに条件を満たしている業者に発注する方式であり、多くは一定の金額以内で発注者側が独自に決定することができる。最近の一般競争入札方式は参加数が十から二十社の場合があり、また、電子入札方式のため、業者が入札会場に行く必要がない、すべて電子手続きである。これに対して、指名競争入札は五社程度を指名する方式であり、過去の同種・類似調査の受託実績などをもとに入札が実施される。または、事前に企画書・見積書などを提出している企業が含まれることがある。そのため、指名競争相手同士で連絡を取り合うこともあり、金額が少額でも「談合」（コンサルタント間の受注調整）事件も発生していた。

発注者側に対して技術の提供や詳細な説明資料などを提出したのだから「受注の権利がある」と考えるためだが、正しい主張ではない。あくまでも公正・正式な手続きを経て受注することが本来の道である。当然のことであるが、談合をした業者には「入札参加停止」が言い渡され、半年間または最悪一年間の指名停止になる。これは、業者にとってかなりの痛手になり、発注件数・金額が大きい東京都などからの指名停止は大きな機会損失になる。東京都は平成三十年度で一般会計、特別会計、公営企業会計合わせて十四兆円の年間予算を持っていて、スウェーデンの国家予算に相当し、日本の約一割弱である。日本の四十六道府県の予算や政令指定都市の予算とは桁違いの事業予算を持っている。

これに対して、プロポーザル方式や総合評価落札方式は発注者が提示するテーマに対して、簡潔・明快な回答をすること、技術力を示すこと、想定されている金額より安価に調査を実施できることを見積書で示すことで、最終的な受託企業が決定される。ちなみに、プロポーザル方式、総合評価落札方式（標準型、簡易型）の概要は次のとおりである。

○プロポーザル方式
評価項目は企業の経験・能力、予定技術者の経験・能力、実施方針＋評価テーマ。

なお、総合評価落札方式で求めている価格は評価対象外になっている。

評価テーマとは一〜三テーマ程度の質問に対して、企業としてどのように取り組むかを記述することであり、課題の認識、調査方針、想定される成果などを説明する。

○総合評価落札方式（標準型）
評価項目は企業の経験・能力、予定技術者の経験・能力、実施方針＋評価テーマ、価格。

価格点は技術点の割合（価格点：技術点の割合は1：2、1：3）に応じて評価テーマを設定しているが標準は二テーマになっている。

○総合評価落札方式（簡易型）
評価項目は企業の経験・能力、予定技術者の経験・能力、実施方針、価格。

評価テーマは求められず、価格点：技術点の割合は1：1で総合点数が算出される。


私の場合は、入社後の十年間の半数は随意契約の恩恵にあずかり、複数の調査受託額の平均は八〇〇万円を上回っていて、限界利益率（契約額から様々な直接経費を差し引いた額の割合）は約五割であった。これに対して後半では五〇〇万円程度に下がり、限界利益率は三割程度まで下がっていた。

結果として、会社が設定している一人当たりの利益額を達成するために、多くの調査業務に参加する必要があり、残業時間も増加した。

会社内の仕事環境は、資料作成（会議資料・打ち合わせ資料、報告資料）を手書きでこなしていた時期が約十年間あり、その後はワードプロセッサーを経験し、平成六年頃からパソコンが自由に使える環境になり、ワード、エクセル、パワーポイントなど、今では当たり前のパソコンソフトが利用できるようになった。昭和六十年頃（マイクロソフトのWindows95が出る前）からパソコンで、簡単な集計プログラムの作成や予測シミュレーションができるようになり、仕事環境が劇的に変わった。大学時代は統計パッケージやＦＯＲＴＲＡＮにより各種計算を勉強していたが、勤めている会社のパソコン利用は世の中の需要に追い付いていなかった。

また、職員一人にパートさん一人がサポート役を務めていて、データの整理、情報検索、官公庁への書類の受け渡しなどの一部を担当していた。

こんな仕事環境は人工知能を取り入れたらどうなるのだろう。

社会資本整備がもたらすもの

社会資本とは広義には教育施設・道路・公園といった公共的便益を生産する資本ストックを言い、社会資本あるいは社会的間接資本と呼ぶ。交通政策分野に限定すれば、道路施設、鉄道施設、バスの運行などが含まれる。もちろん道路施設として交差点や各種の交通を管理するための施設なども含まれる。これらの建設により基本的には人間社会の生活の利便性が高まる。

例えば道路の整備により地域間の快適な移動が可能となり、高速道路などの規格の高い道路であれば地域間の移動時間が短縮される。高速道路は一般道路の渋滞を避けて移動できるだけでなく、物資輸送により、都市と地方間の工業製品や野菜等の生活物資の移動により人々の生活に潤いをもたらす。また、鉄軌道施設の場合は都市内では道路の混雑を避けて定時の移動が可能になり、日本では正確な運行により、都市間の移動では自動車よりも長い距離の移動も可能で時間短縮効果も大きい。さらにバスの運行は都市内の通勤・通学ばかりではなく、高齢化社会における老人等の移動を支援する乗り物としても機能している。道路、鉄道、バスは利用者に対して様々な直接効果、間接効果をもたらす。受託調査では、これらの交通施設に対して将来の利用者数の予測、鉄道や道路の整備の必要性、整備の妥当性、さらに各種経済効果などを算出・整理し、報告資料として提出する。

社会資本整備に関する仕事例

私が経験した業務例として、陸上交通に関する調査業務を紹介する。

◆地下鉄網整備計画

昭和六十年頃から運輸政策審議会向けのネットワーク計画案作りに参加し、全体のネットワークの需要予測と個別路線の需要予測を行うための将来交通需要予測モデルを作成した。モデルは大規模調査で実施していた四段階推計法であり、交通手段別の予測と鉄道のルート選択の予測に非集計行動モデルを適用した。非集計行動モデルとは、一九七〇年代初めに計量経済学者のMcFaddenらによって開発・提案された交通機関の選択行動を予測する手法である。理想的交通人の選択行動をミクロ経済学の効用理論に基づいて記述しているため、「個人選択モデル」とも呼ばれている。

この時には、モデル作成のためにパーソントリップ調査データを利用し、経路選択には大都市交通センサスデータを活用した。大都市交通センサスは昭和三十五年より五年ごとに首都圏、中京圏、近畿圏の三大都市圏において、鉄道・バス等の大量公共交通機関の利用実態を調査することで、旅客流動量や利用状況（経路、端末交通手段、利用時間帯分布等）、乗り換え施設の実態を把握する調査である。

モデルづくりにはパーソントリップ調査データからランダムに抽出したOD（出発地と到着地間の移動量、目的別交通手段別交通量内訳）データを利用した。これをサンプルデータと言う。

業務の中では、何度かの試行錯誤を繰り返し、サンプルデータに対する的中率の高さ、モデルパラメータの符号条件（ある変数が正の相関ならプラス、負の相関ならマイナスの符号になっていること）や、所得接近法（年間の一人当たりの所得額を総労働時間で割った値）から求めた時間価値に近い値になっているかなど、いくつかのチェックを踏まえて、最終的なモデルパラメータを設定した。これをもとに現況再現性を確認し、将来交通量を予測している。

また、将来の利用者数の予測の他に、関係主体ごとの費用便益分析（帰着型費用便益分析）、収支計算システム、整備による地域経済への効果を把握するための産業連関分析（投資額が産業別の生産額をどれだけ押し上げるか、税収はどの程度になるかなどの指標を試算する）などを行った。

帰着型費用便益分析は、現在では利用者均衡理論を活用しているが、当時は利用できるソフトがなかったため、地下鉄整備によって影響を受ける利害関係者として地下鉄利用者、鉄道事業者、バス事業者、自動車利用者、土地所有者、行政などの主体を取り上げ、主体別に整備によって発生する費用と便益を算出し、費用便益比等から整備する路線の妥当性比較を行った。

コンサルタント側の仕事は既存のデータを活用して予測するためのモデルを開発すること、

整備の各種効果を算出する計算システムを開発することであり、将来予測値と整備効果指標を算出・提出した。これらの算出指標をもとに、発注者側とコンサルが共同で重要な路線の抽出や整備時期、整備上の問題点、整備順位などを検討した。ただし、路線区間の比較表だけでは判断できないこともあり、評価値として評価しにくい「環状路線」の整備優先度などは行政判断となる。

◆バス路線再編のためのネットワーク手法によるバス路線網の試算

地方都市の交通局でもバス路線は地域の人口の増減に応じて、経験と勘によって設定されていた。この考え方では、居住者が増加した地区の人数や性別がわかっていても、そこに居住する人々がどんな方向に通勤や通学、または買い物などに移動しているのかわからない。

そのため、パーソントリップ調査データから市民の一日の動きに合わせてバス路線を検討することを考えた。パーソントリップ調査はある一日の午前三時から翌日の午前三時までの交通行動として、移動した目的、利用した交通手段と乗り継ぎの状況、発着施設、高速道路利用の有無などを捉えることができる。通勤・通学ならどの駅・バス停にアクセスして鉄道やバスを利用して移動するのか、五歳以上の人口に対して約三％のサンプル調査であるが、一日の移動状況を時間帯別に把握できる。

そこで、市内に居住する人々の一日の移動に合わせてバス路線を推計しようと試みた方法が

「バス路線推計システム」である。

このシステム作成に当たり考慮したことは次のとおりである。

参考にした論文では、バスを利用した人の量をバス停間ＯＤ表（どのバス停から乗ってどのバス停で降りたのかを示す表）にして、設定したバス路線に張り付けていた。しかし、この方法では、路線を設定したことで自動車や自転車からバスに転換する利用者などを捉えることができない。

そこで、転換可能性の高いトリップ（通勤通学で荷物を持たずに移動している乗用車利用の人、買い物などで、自転車で長い距離を移動している人など）ＯＤ表を設定し、路線の推計に活用した。

二つ目として乗り換え回数は二回までとして、現実的なバス利用を想定した。

バス路線は出発地から目的地まで直接移動する「代表型」と出発地から鉄道駅経由で移動する「鉄道端末型」に分類され、この両方の移動を表現するために道路網、鉄道網を含んだネットワークを設定した。このような条件のもとで、効率的なバス路線網を推計する。

バスが運行できる路線候補の道路には五〇〇メートルピッチでバス停を配置しており、バス路線の始点、終点となるバスターミナルも設定している。

すべての転換可能ＯＤ表がバス路線に配分されることにより、人々の移動に最適なバス路線網と路線別の利用者数、収支係数（料金収入とバスの運行維持費との関係）、バスの運行頻度などが推計される。ただし、ここで推計されたバス路線は転換を前提にしていることから、利用者数が過大な路線網となる。そのため、推計されたバス路線網を道路網、鉄道網と合わせて全体の交通ネットワークデータに組み入れ、再度四段階推計法で、より現実的なバス路線の利用者数を推計して、バス路線再編の時に利用するバス路線として提案した。

◆道路網計画調査

道路網調査として、新たな高速道路のルート案を地形・活断層の分布状況や既存の高速道路・幹線道路の混雑状況、主要都市間の連携などを考慮して提案した業務もある。しかし、道路網調査の多くは都市計画決定された道路の将来交通量、費用便益比などを算出し整備の妥当性を確認することである。例えば、高速道路のインターチェンジの配置計画、地域高規格道路が整備されたときの周辺道路の混雑度や交通流の変化把握、一般の都市計画道路の将来交通量を予測して、整備のための補助を受けるなど。

計画されている道路の交通量を予測するためには、交通量配分手法（出発地から到着地間の所要時間、料金をもとに原則として最短経路を利用すると仮定した試算方法）を利用する。

この方法は高速道路を含む全体の道路網に、四段階推計法などで得られた自動車ＯＤ表を配分する方法であり、受託調査ごとにモデルを変更することはない。

道路網の調査ではいつも路線区間別の交通量、混雑度、平均トリップ長、大型車混入率、交通負荷量（交通量と平均トリップ長の積であり、値が大きいほど幹線的な道路であることを示す）などの指標の他に、必要に応じて主要方向の断面交通量や断面混雑度、問題となる地域を対象にした面混雑度など、ルート別の配分交通量のチェック指標を算出、報告する。

また、道路整備の補助金を目的としている業務の場合は、国が定めたマニュアルに従って費用便益分析を行う。

これは、ある都市の道路整備が緊急性を有しているのか、日本全国の道路整備需要と比較するためである。全体予算に限りがあるため、費用便益比が低く一・〇程度の道路は直近の整備補助対象にはならない。費用便益比がいくら低くても一・五以上が求められていた。

費用便益比は道路利用者の時間短縮便益、走行経費の節約便益、交通事故の減少便益の合計（必要に応じて環境への効果を考慮）で算出されることから、例えば新たな橋を含んだルートの場合は、利用者の時間短縮便益が大きくなることから費用便益比も明らかに大きな値となる。都市内の一般道路を追加する場合などでは、新設ルートを選択して走行したときの時間短縮が小さいことから、費用便益比も小さくなる。

国内の地方都市では人口が減少している地域が多く、今後の利用者数の減少により、費用便益比、自動車利用者の便益額も小さな値になっていくことは明らかだ。誰が考えても、人口が減り、自動車交通量が減るのだから、新たな道路整備の必要性が低下していく。

地方での道路整備財源もなくなり、舗装費用を捻出することだけでも大変な時代になっている。

◆道路整備の優先度の評価

最近はどの自治体でも税収の減少の中で高齢者の福祉予算などが増加していることから、道路予算がひっ迫しており、市内の道路整備の順番を検討することは必須条件になっている。

道路の整備の時期を五年以内に着手、五年以上十年以内に着手、十五年以降に着手などに分類して、現在未整備の都市計画道路を順番に整備していく、そのために路線区間別の優先度を評価する。

それでは、どんな考え方で決定するのか。情報公開が当たり前になっているため、市民に説明できる方法、定量的な方法で設定することが望ましく、行政の恣意的な考え方は排除することが求められている。

優先度の試算結果には試算方法の透明性と地域住民への説明責任が求められている。

その一つの方法としてＡＨＰ手法（階層構造法）をある業務の中で試みた。

ＡＨＰ手法は米国を中心とした外国で数多く適用されている。例えば経済問題と経営問題をはじめ、エネルギー問題、医療と健康、人事と評価、プロジェクト選定、政策決定、都市計画などに活用されている。

私が最初に道路網の優先度評価手法として試みたのは平成七年頃であるが、一通りの完成形

（私の中で）としたのが平成九年度である。階層構造法とは、二階建ての指標群による判断手法であり、恣意的な判断を含まない、定量化の考え方である。

まず、市民などに対して、設定した指標について一対比較法により、どっちがいいと思うかを質問する調査票を作成してアンケートを行う。指標の数が五個あれば、馬券（連勝複式）の組み合わせとして十通りの比較が必要になる。あまり考えないで回答者の好みで回答できるが、指標の数が多くなると回答者の負担も大きくなる。例えば、二階建ての指標として道路の交通機能、道路の空間機能、市街地形成機能を設定する。また、それぞれの機能の下に、一つ目の道路の交通機能として自動車交通需要への対応、道路整備の費用便益比、沿道利用や拠点間の連絡への対応、歩行者ネットワーク形成の必要性を配置する。二つ目の空間機能として景観保全・向上のための必要性、防災ネットワークの形成・延焼防止の必要性、ライフライン収容のための必要性を設定する。三つ目の市街地形成機能として都市軸形成、土地利用の方向性を示すための必要性、面整備を行う上での必要性という指標を設定する。道路が持っている各種役割について、市民に対して一対比較のアンケート調査を実施した結果から、それぞれの指標の重みを計算することで、わかりやすい説明ができる。

設定した指標の一対比較アンケートでは、大きな三項目で三通り、交通機能四項目で六通り、空間機能として三項目三通り、市街地形成機能で三項目で三通り、合計十五通りの回答が必要になる。

また、それぞれの道路機能別の指標別にランク分けして点数を与える。例えば三区分なら五点、三点、一点というふうに。ランク分けする場合、実数データなら路線別データの標準偏差値なども参考にする。それぞれの指標の重みとランク数字を掛け合わせて全体の役割について合計値を算出することで整備区間別の総合評価値が得られる。この総合評価値の大きい順番に道路整備の優先度が高いと考え、道路の全区間の順位付けをする。また、ここに登場していない、市街地再開発の時期や、鉄道の連続立体などの整備時期、さらに区間別の用地取得の状況（取得率）を含めて最終的な整備時期を設定する。

道路整備の優先度評価に利用される指標は地域ごとに異なり、交通機能を重視する都市部があれば、都市機能を誘導するための指標を優先する指標もある。前述の指標を基にしたアンケート調査を複数の地域で実施すれば指標の重みは明らかに異なったものが算出される。

◆空き家・空き地問題

空き家が多くなっているのは一般市街地だけではなく、社会的移動が少ない住宅団地でも顕著にみられる。昭和四十年代、昭和五十年代に造成された住宅団地では高齢化とともに、空き家が増加している。調査対象になったある県内の住宅団地数地区について、空き家、空き地の状況を実態調査（現地踏査）によって把握した。その頃私は愛知県の高蔵寺ニュータウンに住んでおり、近所で居住者が居なくなり、雑草が生い茂る家を何軒か見ている。確かに盗難の心配、季節によっては火事の危険性も感じられる。また、古い団地の中層住宅では一〇%を超える空き家がみられ、夜になると部屋に電気がついていないことから、どの部屋が空き家になっているのかが想定できる。

別の都市でも空き家の状況は深刻である。日本全体が少子高齢化の進行により、東京や地方の中心都市以外は人口減少とともに空き家も増加している。

調査の中では、魅力ある団地に再生し居住者を増やすための方策や高齢者の移動の足を確保するためのバスなどの運行計画、さらには戸建て、中古住宅の流通上の課題などを整理している。

調査を実施した平成二十年当時は、持ち主がわからなくなっている土地が多くなり道路整備などに必要な用地の確保が困難になっているという状況ではなかった。

しかし、現在は持ち主のわからない土地の面積合計が日本全体でみると九州地方の面積に相当するとも言われており、今後の高齢化によりさらに深刻になることが懸念されている。

上海「豫園（よえん）」の改善策の検討

「豫園」の面積は約二万平方メートルであり、もとは四川布政使（四川省長にあたる）の役人であった潘允端が、刑部尚書だった父の潘恩のために贈った庭園である。豫園は主に中国国内からの観光客でにぎわっていて、お土産物店や飲食店が軒を連ね、小籠包の本家を名乗る南翔饅頭店などがある。この豫園の将来像を検討するための業務であり、古い建物のある庭園は自動車時代に合った、移動経路の整備、駐車空間の確保などが問題になっていた。二〇一五年頃のことである。

私の担当は駐車空間の確保・配置問題だった。まず、日本流の調査の進め方として、現状に関する調査を行った。その中で、「来街者調査」として、豫園を訪れる観光客の属性やアクセス手段など、豫園に関する問題点の把握のために五百人を対象にしたアンケート調査（聞き取り調査）を行い、都市計画部の研究員とともに報告資料を作成、納品した。アンケートの実施は当時の上海事務所の中国人女性職員が中心となり、中国人のアルバイトを雇って実施した。アンケートの日本語版は私が作成し、電子メールで上海事務所に送り、中国語に翻訳してもらって実施した。調査票はＡ４サイズ一枚の簡単な内容。

この業務で驚いたことは、欧米のコンサルタントは現状把握を飛ばして、将来のイメージパースを描いてくるということ。これに対して我々の仕事は現状の調査から問題把握を踏まえて、必要な計画に持ち込むものだから、当時の上海市長は、現状がわかったことに感心し、アンケートの属性把握から、年寄りばかりでなく、若者も多く観光に来ていることに安心していたとのこと（その日の打ち合わせは欠席していた）。豫園には二～三回視察に行ったが年寄りの観光客が多く、若いカップルや家族連れは少なかったように感じた。

中国との契約には十分な注意が必要であり、当時の会社の他の部隊は支払いがないままに終わっていた。デパートの業務改善のような内容だったが、「成果」が目に見えないとのことだった。

我々の業務は市長の鶴の一声で、一五〇万元（約二二五〇万円）の支払いを受け取ったが、中国人にとって契約内容は担当者の意思によって変更される場合があったようである。

浦東空港から上海市内に行くまでに利用するリニアモーターカー（最高時速四三一キロ、乗車時間八分）の当初の計画は時速約一〇〇キロのマグレブ（新交通システム）だった。上海市の交通政策白書に記されていた。請け負った企業はドイツの会社であり、当初の計画・契約とは別物を作り上げたことになる。

この経験がその後の業務獲得・契約につながったかどうかは不明だが。

業務の成果を目にするのは十五年後？

私の仕事分野では自分が参加した業務成果を数年後に直接目にすることはほとんどない。建築士の場合は自分が設計した建物は、数年後には事務所建築物、住宅施設などとして目にすることができ、確認するなり、感無量の世界を体験できるが、私の仕事の多くは出来上がりを確認できない寂しさがある。これは仕事のほとんどが十五年、二十年先の社会資本整備計画に関する業務だから。それでも、実際の地下鉄の整備やバス運行については、数年後に確認できた。

過去の様々な試算結果との数値の乖離があったとしても、地下鉄の整備・運行により、並行する道路の混雑は緩和され、新たなバスの運行によって高齢者の移動が楽になっている。

高速道路の整備に関する業務でも交通量配分手法によって、高速道路の整備がある場合とない場合の一般道路の混雑度の変化や道路利用者が受ける便益は多くの試算結果を数値として確認できるが、自分が当該道路を利用することはほとんどない為、走行の快適さなどを体験できない。

建設コンサルタントでも一般の建物や橋梁施設などを設計する技術者にとっては、将来の姿を確認できる人は多いが、遠い将来できる施設の出来上がりの効果などを実感できない寂しさがある。

中国・上海市の地下鉄整備では、地下鉄一路線を整備するための期間は一年で済む。

しかし、日本の場合は用地確保の問題や一キロ二〇〇億～三〇〇億円の整備費用の問題がある。

年間の整備費用が五〇〇億円と限られている都市では、年間一～二キロ程度、一〇キロ程度の路線を整備するためには十年程度の期間が必要になる。

不況時には異分野の仕事も受託

建設コンサルタントといえども、常に同じような仕事にありつけるわけではない。公共事業関係予算が少ない時期、失業者を救うための事業が発生した時期、外国人の就業者が増加した時期など、いくつかの事業が発生しており、これをピックアップして稼いだ。

日本経済が不況に陥った時期には、緊急雇用創出事業が実施された。緊急雇用創出事業は二〇〇八年のリーマンショック後に設けられた厚生労働省の失業者対策の制度で、東日本大震災で職を失った人の臨時の雇用対策としても活用された。また、自治体が直接雇用する方法だけでなく、企業やNPO法人に事業を委託した。

受託した次のような業務は、特に専門知識が不要であり、普段の業務の中で行っている基本的な行動である。また、見方によっては総合技術監理部門の技術士に要求される人的管理、予算管理、危機管理などの基本的なことで対応できることだった。

◇企業名簿作成

一つ目はプロポーザル方式であったが、この業務を受託し、三十数名の失業している方を雇用し、企業の名簿を更新するための作業に従事していただいた。外勤として企業を訪問し企業の状況を整理するためのアンケート票を依頼する人、内勤としてパソコンに入力する人、企業の存在を確認する人で構成した。失業者で業務に参加して頂いた方には月平均一五万円程度（給与、通勤費、移動交通費含む）の支払いをして、六カ月未満の雇用であったが約一一〇〇万円程度支出した。また、企業の中でユニークな活動をしている企業を紹介するパンフレットづくりのための情報収集を行い、必要部数を印刷して委託者の指示のもとに関係団体に送付した。

この業務では内勤者用に数台の中古パソコンを購入した。

◇県内事務所等の環境への取り組み実態の把握

民間企業でも公的な団体でも環境への取り組みとしてＩＳＯ１４００１に取り組んでいる。県の関連事務所では、県が取得しているＩＳＯ１４００１の認証対象以外の地方機関を対象とした県独自の簡易な環境マネジメントシステムがあり、様式や手続きなどを簡素化し、また地方機関ごとに独立した取り組み体制で、所属の規模や多様な業務内容に適した環境配慮に取り組むことができるシステムを実施している。

まず、調査員の募集・研修から始まり、事務所の訪問などを管理することが業務内容となる。これも緊急雇用創出事業の補助を受けて実施したものである。五班の調査員体制を組み、約三五〇カ所の事務所を訪問してアンケート方式で実施状況を確認している。

この業務では、ＩＳＯの業務を専門としている二名を採用し、一般募集した素人の方々の教育を担当して頂いた。

◇企業の社会貢献に関する事例収集（緊急雇用創出事業外）

県内の企業の中で輸出入に関わっている企業を対象にアンケート調査票を配布し、社会貢献の内容を記述して頂き、HPなどで一般公開することに対する確認を取った。その後、HP用の書式に、内容を記入して頂き、関連の写真を入手した。この業務では各企業に電子メールを送り、必要な情報を送って頂いた。

社会貢献の分類として、環境保全、保健・医療、社会福祉、教育の充実・高校生と大学生の支援、災害支援、地域開発・社会基盤整備等、女性の自立支援、貧困や飢餓の撲滅、国際交流・人流の活発化、社員のボランティア支援や奨励等に分類し、関連の写真も掲載した。

この業務では、企業担当者との電子メールのやり取りに苦労した面もあったが、企業の社会貢献の実態を勉強する機会にもなった。

◇HPの内容を多言語で伝える（緊急雇用創出事業外）

それまでHPは日本語や英語などで公開していたが、ブラジル人、ペルー人、中国人、韓国人などにもHPを見てもらえるようにするために、英語、中国語、ポルトガル語、スペイン語のアンケート調査票を翻訳する企業に依頼して作成した。発注者が作成した外国籍の世帯名簿をもとに郵送法により処理した。アンケート調査票はＨＰ改善のためのニーズ把握のために、Ｗｅｂページに掲載してほしい情報が何か、ＨＰへのアクセスの程度・頻度、ＨＰの認知度及び個人属性などで構成している。

さらに、アンケート調査票で把握できないことを国際交流協会や日本語教育を行っているＮＰＯ法人などへのヒアリングで補った。ヒアリング調査の対象は、アンケート調査で行った、英語、中国語、ポルトガル語、スペイン語に加えて、韓国語を使用する外国人の方とした。

緊急時には派遣企業を活用

社内の人的体制も景気によって変えざるを得ない。直接費用扱いのパート・バイトの人数は、バブル崩壊以前では職員一人に対してパート一人の体制だったが、平成十年以降は強制的に直接本部の指示のもとに経費節約としてパートの人数を削減した。

パートさんが削減されると研究員の情報収集・整理やデータ処理に影響が出てきて、研究員の負担が増え、結果として残業が多くなる。時給二〇〇〇〜三〇〇〇円程度の職員の残業代と時給一〇〇〇円のパートさんの最適な組み合わせも考えずに、担当取締役が無理な指示をしてきた。

不況時には担当している部で働いてもらっている十数名のパートさんに、採算事情を説明して時給単価を三〇円程度下げることを了承してもらったこともある。

こんな人手不足の解消策として、多くの企業が「派遣」からの短期就業者の世話になっている。

事務系コンサルタントでは、データ入力でお世話になることが多かった。データ入力専門の企業に依頼したり個人で入力作業を請け負っている人にお世話になったりしたが、最も多かったのがデータ入力が速い人を派遣してもらうこと。その他、集計、グラフ化などの作業、ワード文書への貼り付けなどの作業もお願いした。

三日間だけ、一週間だけなど、アンケート調査データの量や空いている机、パソコンの台数によっても採用人数を変えた。派遣の場合は派遣される人が六割、派遣企業側が四割の場合が多く、社内で常時働いてもらっているパートの単価が時給一〇〇〇円に対して、派遣の場合は時給一三〇〇～二〇〇〇円だった。派遣企業が研修を実施していることで、流石に訓練されている人が多い。しかし、時には初心者、経験の少ない人も派遣されてくる。また、個人の問題であるが、鼻につく香水をつけてきた女性もいて、ほんのり匂う程度なら我慢できるが、明らかに悪臭レベルだったため、気まずい思いをしながら代えてもらったことがある。

派遣は便利であるが時給二〇〇〇円の支払いに対して六割程度が派遣された人の取り分であり、残りは派遣業者の懐に入る。困った時に広告も出さずに人探しができることはよいが、見方によっては派遣される人が搾取されている。現在の時給単価から見ると派遣される人は技能的にも優れていると言えるが、労働単価の低価格化、労働収入の削減の原因にもなっている。子育て世代の収入アップを図るためには、派遣を通さない職探しの充実が求められる。

企業団体連合会等が求人情報を発信し、そこにスマホなどでアクセスすることによって求人情報を入手できるようになれば、搾取されることなく、収入アップができるとも考えられる。

シンクタンク企業としての社員の扱い

社内のチャレンジ支援制度

平成十五年頃に、社内で新たな事業を支援する体制ができた。

チャレンジしたい人またはグループは、チャレンジの背景、チャレンジの内容、必要な経費の見積書、その後の活用分野、収益の見込み額などを経営メンバーの前で、プレゼンし、認められたらスタートする。

チャレンジ失敗の場合は普段の業務で得た利益で返済していくことになっていた。

私は、七名程度のメンバーの代表として、公共自治体を対象としたパンフづくりを始めた。

経費は印刷込みで五〇万円程度であったが、作成途中で、まとまりのなさを痛感した。

パンフレットに記載する内容を各自に任せていたことが敗因であり、各自が持ち寄った企画内容の精度がまちまちで、一つの自治体向けのパンフレットとしては物足りなかった。

当時でも、行政が民間の経営手法を取り入れ、行政改革に一生懸命な時期で、自治体にも勉強したいという考え（ニーズ、姿勢）はあったが、実際の調査発注にはつながりにくいテーマが多かった。

私のテーマは市町村合併の際に必要となるバス路線の見直しや道路網の整備などを記述し、比較的自治体受けが良いと感じていたが、民間企業を対象にしているメンバーや民間の基礎資料を提供しているメンバーの企画は、当時の自治体には受け入れられなかった。二〇〇部程度を主要な自治体にDMとして発送したが、良い返事はなかった。結局、新たな事業には結びつかず、経営メンバーにごめんなさいした経験がある。パンフレット内の企画テーマをもっと絞る必要があった。

私のグループ以外にも、通過したグループがあり、うまくいった企画もある。失敗を恐れず、チャレンジできる環境を提供されたことはよかった。

ユニーク研究発表会の実施

私が三十代後半の頃、社内で三年間「ユニーク研究」の発表会が開催された。年一回の気晴らしの行事であり、三回とも発表者として参加した。

一回目は科学雑誌の『ニュートン』などからピックアップした情報をもとに、タイムマシンに関することを発表した。宇宙、地球が誕生して……から始まり、アインシュタインの宇宙方程式の紹介（十階偏微分方程式）、宇宙方程式に初期条件、境界条件（偏微分方程式は多くの解を持っているが、解の集合を制限するための条件）を与えて解かれるブラックホールの話。ブラックホールという吸い込み口があるなら出口としてのホワイトホール、そして二つをつなぐワームホール。なぜか多次元宇宙の話のあと、宇宙のバブル構造とその直径、パーセク（約三・二六光年）という距離の単位の説明。

さらに、タイムマシンの話。時間と空間に関する方程式でも、未来には行けるが過去には行けないという話。全体的に普段の業務とは関係ない話が多かった。あるお姉さん社員から面白かったとの評価を受けたが、全体の評価結果では四位どまりで参加賞（二万円の商品券）で終わった。

評価者の感想として、話がブラックホールに吸い込まれていたという言葉を今でも覚えている。

結局、話は非日常的で面白いという評価だったが、タイムマシンについての話が浅く、まとまりにかけていた。

二回目は当時問題になっていたエイズの研究と題して、エイズウイルスはこんな形という顕微鏡写真の紹介、エイズにかかる原因は血液の移動で始まる、だから、防止するためにはセックスの時にコンドームが安全、あまり激しいセックスは控えた方がいいなど、勝手な説明を繰り返した。発表の途中で十問程度のエイズに関する質問とその解説を行い、最後に会社としてのエイズキャリアの扱いについて提言した。エイズは気になるが血の移動がない限り問題がないこと、エイズで病弱になる前はエイズキャリアに過ぎないので、問題ないことも強調し、その扱いについて提案した。

この時は二～三冊のエイズ関連の書籍を読んだ他、愛知県の医療団体が主催したシンポジウムにも参加し、最新の情報入手に努めた。非日常の遊びと言いながらも誰もが興味をひく情報を整理した。

結果はユニーク大賞（五万円の商品券）だった。エイズに関しては大人としての関心事であったこと、話の内容が十分にストーリー展開されていたことなどが大賞の決め手になったのだろう。

そして、三回目は、記憶細胞が壊れていくアルツハイマーについて勉強して、ビールと枝豆のどんな点がいいのかから始まり、食べ合わせの良い例を紹介した。また、アルツハイマーの予防のためにどんな食習慣、生活習慣が良いのかなどの例を紹介。前回と同様にA4サイズ用紙に十問程度の質問と解説を行った。結果は二位だったかな。結局参加賞で終わった。

高齢者の認知症はよくあるが、若者のアルツハイマーの映画として、韓国女優のソン・イェジンが出演していた『私の頭の中の消しゴム』を見た時には涙が出た。

このような社内発表会は毎年開催してもいいことだが、任期四年の社長交代のために、それ以後開催されることはなかった。

私以外の発表者についてはあまり記憶に残っていないが、ゴルフでスコアが百以上の先輩社員は、スコアを良くするゴルフのスイング方法の話をしていた。また、占いの世界の話など、実に様々な研究発表？があった。この時の参加者は毎回、全体で十名程度あり、私を含めて毎年参加する常連が三人いた。官公庁の決まった計画、政策に明け暮れていた私の生活の息抜きとして、また、社員の非日常的な息抜き・笑いの場の提供として面白い企画だった。

その後、毎年の社員旅行（国内または近くの海外）も全員参加の機会だったが、ユニーク研究のように社員の好み、特性を互いに認識することはなかった。

安近短の社員旅行～中国人の特性～

世の中は不況の時期であったが建設コンサルタントとしての業務は多少の利益減でも会社としては社員旅行を実施していた。社員旅行は事業部単位で実施した場合と全事業部で実施した場合があり、安近短の海外視察を楽しむことができた。安近短と言えば中国と台湾である。

十五～十六年前のことになるが中国人のモラル欠如、規則を守らない人々の多さを実感した。ただ、一生懸命に生きているんだなという感じは受けた。

◆香港近くの深圳では交通信号を守らない車が当たり前

香港は社員旅行の他に「研修」目的でも行ったことがある。その研修目的で行ったときには、スリに遭い、社員名簿を取られ唖然とした。中国系のヤクザ組織に脅され、高く売れる日本人のパスポートを奪う東南アジアの女性に“Open the bag and show!”と怒鳴ったことがある。彼女は私の後ろを歩いていて、私のショルダーバッグから社員名簿をパスポートと勘違いして抜き取っていた。彼女たちは連係プレーでスグサマ手放していたので、バッグは空だった。香港もいい思い出ばかりではなかった。

社員旅行では全社員が集まり、観光拠点で集合写真を撮ったり、香港料理を堪能したりした。その時、香港から電車で約一時間、鈍行列車に乗り深圳駅に降り立ち、親に捨てられた子供たちを見た。子供たちは観光客が降り立つと物乞いをする。中には片腕の子供もいた、さらに、子供たちは縄張りを確保していて、毎日一生懸命に生きているようだった。

一方、工業都市として誕生した深圳市内には多車線道路が整備され、信号機も整備されていたが、交通ルールを守る気配はなく、横断歩道側の信号は「青」でも、車が容赦なく突っ込んできた。

運が悪ければ、歩行者が死ぬこともある。また、目の前で、バイクに乗った二人組が、歩いている老婆から、バッグを奪い取るという風景も見た。バイクに乗って、ひったくりをやる人間は日本にもいるが、交通ルールを完全に無視した運転には驚いた。

◆北京では赤信号で交差点に突っ込むバス運転手

社員旅行で貸し切りバスに乗っていた時のこと。北京の人民広場近くの交差点にさしかかった時、貸し切りバスの女性運転手（四十歳台）は、進行方向の信号が赤なのに、堂々と交差点内に入った。

これには社員一同唖然とし、車内にざわつきが発生した。日本では考えられない、中国人の「われ先」の考え方。当然渋滞が発生し、交差点を通過する時間は長くなった。お金があればなんでもできると思っている成金たちが大量に増えてしまった。この人たちがお金にものを言わせて、マナー違反をしている。マナー違反をしている階級の存在があるために規則を守ることで損をするという考え方も生まれ、マナーが無視される、こんなことが社会背景にあるようだ。特に田舎や高齢者にはマナー教育がされていないという見方もある。現在の若者はマナー教育がされていると言っても、十三億人の中に変な奴が〇・五％もいれば、大変な人数になる。あの時にバスを運転していた女性が、今の日本を旅行していれば、交通規則に対する意識が変わったかもしれない。

◆上海の白書はまとめてみただけ？

上海市の業務を担当していた時、上海市の都市計画展示館で上海の交通政策を記述した「白書」を購入して読んでみた。表紙は白で中国語の他に英語の対訳がついていた。

そこには自動車を百二十万台まで認めると記述されていたが、当時でも休日は渋滞道路ばかりだった。書いても実施しない、これが当時（二〇〇四年）の上海市の実態。

記述する人と実施する人は完全に関係を意識していないのか、いろいろな制度ができて、互いに関係性がなくなったのか、とにかく計画や規則は無視される。

今の中国で自動車を運転するためには、ナンバープレートを取る必要があり、北京では抽選、上海などでは競売が行われている。抽選で当たる確率は一～二％の狭き門であり、ナンバープレートが車本体よりも高くつく場合もあるとか。裕福な人が増える中で、自動車総量を抑えるために、有効な手法とされている。また、大気汚染がひどい北京では、ナンバープレートを活用して、月曜から金曜までの五日間、毎日二つの数字の車両が走行禁止になるとのこと。

今では、北京、上海ともに自動車の総量を抑えることに取り組んでいる。

◆台湾のバイクもわれ先の発想なのか

台湾の高校生は通学にほとんどがバイクを利用している。自転車を使う人は中学生か、買い物の主婦や老人だ。台湾のバイクの保有台数は高校生の人数以上、一五一四万台（一・五人／台）とのこと。中には四輪と二輪を保有して使い分けている人もたくさんいる。

交差点で見かけるのは高校生のバイクであり、中には男女の二人乗りもいる。また、特徴的なのは停止線の前にバイクが勢ぞろいの風景。台湾に旅行に行けば必ず目にする光景だ。

この停止線の前に並ぶ習慣は「われ先」の表れなのか、バイクは先に通り過ぎた方が四輪車にとって運転が楽になるのかはともかく、中国本土の運転手よりも交通信号を守っていると言える。

蛇足だが、夜間に台湾南部の高雄市内で信号機の動きを見ていたら、歩行者用と自動車用が同時に変化していた。日本では、歩行者用の信号が赤になった後に自動車用の信号が青から黄に変わる。

つまり、歩行者が安全にわたりきってから切り替わるが、高雄市内では同時だったことに驚き。この信号方式が現在も同じかどうかはわからない。

一九四九年に毛沢東率いる中国共産党が中華人民共和国を樹立した後、国民党が中国本土から脱出して民主主義の国を築き上げた。その時に規則を守る台湾市民が誕生したのかもしれない。

大陸側は規則を守らない人々が残った？

有給休暇と過ごし方

有給休暇は基本的に労働基準法に従っている。暦の休日の他に、盆休み、正月休みがある。

私が四十歳になった頃、五月のゴールデンウイークは一週間から十日の休みがあった。

例えば二〇二〇年の五月の休日は五月二日が土曜日であり、三日から六日は休みになっている。

七日、八日を会社として休日にすれば九日は土曜日、十日は日曜日なので連続九日間の休日がとれる。休みでない日にちを会社として休日にして、一週間程度の休暇を取るように奨励していた。

このような状況だったので、積極的に家族旅行を計画し、国内海外の旅行を楽しんだ職員も多い。

私の場合は夏は涼しい地域（例えば、北海道の利尻島・礼文島、北欧四カ国、アラスカなど）、冬は暖かい地域（南半球のオーストラリア、ニュージーランド、ハワイなど）に行って、家族を楽しませるとともに、地域ごとの交通施設等を観察していた。観察した結果はメールで他の交通研究部の職員にも伝えていた。その他に、リフレッシュ休暇として勤務十年目なら十日間の休日、勤務二十年目なら二十日間の休暇と数十万円の費用も出ていた。ただし、職員の中には、休まずに仕事をしている人もいた。

私自身も休暇を遊技場で浪費した事もある。会社として普段残業気味の社員のために長い休暇を奨励したことは、リフレッシュの機会になり、コンサルタントとしての知見を広げる機会にもなっていた。

業務に必要な資格と転職

技術士、博士号などの資格が必要

シンクタンクの研究員は技能者ではなく技術者としての資質が必要となる。

技能者と技術者の違いを明確に示すことは難しいが、私が工業高校の授業で聞いたことは、技能者は設定された手順に沿って仕事をこなす人であり、技術者は新たな方法、仕組みを作り上げる人である。現在の官公庁の業務の受託では、プロジェクトリーダー、プロジェクトマネージャーには技術士や博士号の資格が求められている。

そのため、シンクタンクの研究員、建設コンサルタントの職員は技術士の資格を取るための勉強も必要となる。

技術士の部門は令和元年現在で二十一部門に分かれている。

機械／船舶・海洋／航空・宇宙／電気電子／化学／繊維／金属／資源工学／建設／上下水道／衛生工学／農業／森林／水産／経営工学／情報工学／応用理学／生物工学／環境／

原子力・放射線／総合技術監理

私は平成六年に建設部門の技術士を取得し、平成十五年に総合技術監理部門の技術士を取得した。

建設部門には次のような専門分野があり、私は「都市及び地方計画」で受験した。

①土質及び基礎　土質調査並びに地盤、土構造、基礎及び山留めの計画、設計、施工及び維持管理に関する事項

②鋼構造及びコンクリート　鋼構造、コンクリート構造及び複合構造の計画、設計、施工及び維持管理並びに鋼、コンクリートその他の建設材料に関する事項

③都市及び地方計画　国土計画、都市計画（土地利用、都市交通施設、公園緑地及び市街地整備を含む）、地域計画その他の都市及び地方計画に関する事項

④河川、砂防及び海岸・海洋　治水・利水計画、治水・利水施設及び河川構造物の調査、設計、施工及び維持管理、河川情報、砂防その他の河川に関する事項　地すべり防止に関する事項　海岸保全計画、海岸施設・海岸及び海洋構造物の調査、設計、施工及び維持管理その他の海岸・海洋に関する事項　総合的な土砂管理に関する事項

⑤港湾及び空港　港湾計画、港湾施設・港湾構造物の調査、設計、施工及び維持管理その

他の港湾に関する事項　空港計画、空港施設・空港構造物の調査、設計、施工及び維持管理その他の空港に関する事項

⑥電力土木　電源開発計画、電源開発施設、取放水及び水路構造物その他の電力土木に関する事項

⑦道路　道路計画、道路施設・道路構造物の調査、設計、施工及び維持管理・更新、道路情報その他の道路に関する事項

⑧鉄道　新幹線鉄道、普通鉄道、特殊鉄道等における計画、施設、構造物その他の鉄道に関する事項

⑨トンネル　トンネル、トンネル施設及び地中構造物の計画、調査、設計、施工及び維持管理・更新、トンネル工法その他のトンネルに関する事項

⑩施工計画、施工設備及び積算　施工計画、施工管理、維持管理・更新、施工設備・機械・建設ＩＣＴその他の施工に関する事項　積算及び建設マネジメントに関する事項

⑪建設環境　建設事業における自然環境及び生活環境の保全及び創出並びに環境影響評価に関する事項

これらの専門分野は大学の土木工学科等でその基礎が教えられる。

総合技術監理の試験では、安全管理、社会環境との調和、経済性（品質、コスト及び生産

性）、情報管理、人的資源管理に関する基礎的な考え方が求められ、実際の業務では個々の技術士のまとめ役として参加し、社会的なニーズに応えることが求められる。規模の大きい受託業務では資格として総合技術監理の資格を持った技術者の参加も求められる。

その他にも、平成十五年に交通工学研究会の資格である交通技術師を取得したものの、業務の入札参加資格では長い間採用されることがなかったことと、更新手数料が必要なため、合格後の初回更新時（四年後）に放棄した。

現在、三十代、四十代の研究員の多くは技術士を取得して業務に取り組んでいる。

なお、私の入社の頃は、技術士は七年間の実務経験、技術士補は技術士の下で四年間の業務を遂行することで受験資格が得られた。最近は大学卒業と同時に技術士補の資格を登録すれば取得できるようになった。また、技術士の試験方法も改善されている。

私が受験した頃は午前中にその分野の一般教養的な設問、午後に専門分野の基礎事項の質問の記述と体験論文の記述が求められた。すべての原稿用紙のマス目は一万二千字、最低でも一万字程度の文字を記入する必要があった。試験時間は午前三時間、午後四時間だったが、質問の意図を理解し、序論、本論、結論という論法で文字を埋めていくことはとても大変だった。試験は現在ではクーラーが利いている部屋で実施しているが過去には八月頃にクーラーがない大学の教室で受験しなくてはならないこともあった。そのため、受験時は筆記用具の他に、ペットボトルの水とタオルは欠かせないものだった。なお、建設部門の合格率は一五〜一六％

であるが、機械部門や電気電子部門よりも合格率は高い。

建設部門の場合は一次試験に合格した者の九〇%は二次試験（口頭試問）に合格するが、電気電子や機械部門では五〇%程度の合格率と聞いたことがあり、建設部門は比較的合格しやすい部門と言える。

それでも、二〜四回受験しているのが実情だ。私は大学を卒業してから受験勉強に熱を上げることはなく、二回目くらいまでは、勉強もせずに受験し、四回目でやっと合格した組だ。

合格するためには、なるべく大きな調査事業に参加して、技術提案したことを体験論文として記述することが望ましく、私の先輩は二人とも国の補助調査であるパーソントリップ調査関係の受託業務について記述している。

記憶は定かではないが、一人は生成原単位（一日の活動回数）が低下した社会的背景の分析、二人目はパーソントリップ調査の一環として実施した事業所の通勤や業務に自動車や公共交通をどのように指定しているかなどのデータ分析に関するものだった。

ちなみに、パーソントリップ調査とは、現在の都市計画道路網の計画や公共交通機関の改善計画などに活用する調査であり、概ね五〇万人以上の都市圏を対象として全国で十年間隔に実施されている。また、その調査予算の三分の一は国が補助している。

東京都市圏（平成二十年）では約七三万人の一日のデータ、京阪神都市圏（平成二十二年）は約七〇万人、中京都市圏（平成二十三年）では三一万人の一日の交通手段の利用状況などを調べている。なお、京阪神都市圏、中京都市圏では以前の訪問配布・訪問回収から郵送法に変わり、回答率が低下することが分かっているので回収数は多くなっている。

また、調査は大学の教授、准教授が参加する委員会形式で実施されている。

私の時代でも多くの分野の技術士を取得していた人がいて、ある研究会に参加して名刺交換したら、七分野を持っていた人に出会い、驚いたことがある。

いわゆる受験を趣味としている「マニア」だ。実際に七分野で仕事をしているかどうかは不明だ。

土木学会や交通工学研究会の資格認定

技術士は国家資格であるが、公益社団法人土木学会や一般社団法人交通工学研究会でも資格を提供している。

土木学会では土木の各分野に対して、実務に携わっている土木技術者（教育・研究分野の方も含む）を対象として実務能力を認定するものであり、特別上級土木技術者、上級土木技術者、1級土木技術者、2級土木技術者の区分が設定されている。

なお、土木学会のホームページ「認定者一覧・認定者数・合格者集計」には企業別の取得者数や企業分野別の取得者数の集計も公開されている。興味のある企業について暇な時に眺められる。

また交通工学研究会の場合は交通工学研究会認定TOP（交通技術資格者）、交通工学研究会認定TOE（交通技術上級資格者）があり、主に交通工学に関する調査研究の業務の参加資格にも活用されている。道路の計画や交通流の問題解決に必要となる情報を必要としている技術者が受験している。

これらの資格は企画提案書や業務実施計画書の参加技術者の資格欄に記入される。土木学会や交通工学研究会の資格は最近になって効力を発揮するようになったが、十年前では資格としてあまり評価されていなかった。その理由はわからないが、有資格者数が少なかったからかもしれない。

大学に転職する人もいる

私が所属する会社から大学教授になった人が出た。それは昭和五十七年のことであり、名古屋事務所に転勤した年だった。

国立の経済学部出身、名古屋大学で計量経済学の分野で博士号を取得した先輩だった。先輩との仕事は半年で終わった。私が入社二年目の夏、八月に転勤したときに、来年の三月で退職することを告げられた。

転職先は私立大学であったが数年後には経済学部の教授、十年目頃には経済学部長になり、今でも元気に働いている。次は同じ出身県の先輩であり、東京の私立大学などで講師を続け、平成二十年頃に日本海側の私立大学に観光分野の教授として転職した。

勤めていた会社には博士号を取得する職員、博士号を取得している新入社員は何人かいた。

博士号を取得するには大学院（前期博士課程、後期博士課程）で必要な単位を取得して論文査読を通過して認められるか、社会人になってから専門分野の論文を数多く書いて論文博士になる場合などがある。昔は大学の教員になっても博士号を取得しないために教授になれなかった方もいたが、最近は博士号を持っていても大学に就職できない人が何人もいる。

私も東京に単身赴任した時に、博士号はいらないかと言われたことがある。しかし、年齢が上がっていたことやコンサル業務と並行して論文を書いて取得することは難しい現実があったため、断った。真剣に内容を詰めたこともなかったが、五十歳を超えた頃だったので、今更という思いだった。しかし、大学などに転職したい人は取得しておいた方がいい資格である。

コンサル仲間でも出身大学の教授との付き合いを続け、学会に何編かの論文を提出し、論文査読を受けて博士号を取得する人も何人かいる。

博士号取得者全員が大学で教鞭を執れる保証はなくても、資格の一つとして取得することはよいことだ。定年前に大学に問い合わせることや、大学の教員募集に合わせて大学に転職する道も残しておくことは必要な生き方とも言える。また、転職の時期は定年後ではなく、現役で頑張っている時期が良い。これは実務として最新の情報を入手しており、これを学生に伝えることは大学側も望んでいる。先日もある総合研究所に勤務している後輩が、東京の私立大学の経営学部に転職が決まったと私の住んでいる温泉の町に訪ねてきたのでもう一人の後輩と三人で転職祝いをした。

技術士の転職斡旋

現在は世の中人手不足が慢性化しており、一般の人材派遣企業は、それなりに収益をあげている。

人手不足の対策として日本国内の企業は、回転寿司ではタッチパネルを採用し、従業員のシェアシステムの活用で人手不足を補うビジネスも出てきている。テレビのCMにはＢＩＺＲＥＡＣＨ（ビズリーチ）やｄｏｄａ（デューダ）などの転職を支援する転職サービスもある。このような転職の斡旋とは異なり、技術士だけを対象にした斡旋もかなり昔から行われていた。

個人で建設コンサルタント系企業に出入りして技術士のニーズを探り、斡旋する人がいた。私が四十歳の頃、問い合わせがあり、「○○会社で建設部門の技術士を欲しがっている」とのこと。その頃はかなりの稼ぎを出していて転職する必要がなかったことからお断りした。

その後、その方とは年賀状の交換などをしており、五十歳の頃も紹介されたが、収入を落としてまで転職する必要もなかったので、紹介された企業には、調査技術を教え、また、下請けをして手伝っていたことがある。さらに、三年後には三社の紹介を受け、それぞれ面接も経験したが、結局転職しなかった。一社は国交省との人的関係も強く、転職しようとも考えたがなぜか「談合」らしきことが起こっていたため、結局どこにも転職しなかった。

人材派遣会社は悪い見方をすればピンハネ会社であり、技術士が参加することは少ないと思われる。

これに対して、先ほどの個人で斡旋している方の場合、転職時の給与の三割程度の報酬を受け取ることで、日々の営業活動を続けていた。

最近、ネットで見る技術士の転職サイトでは、「全部門六三万円＋一六〇万円（ボーナス）、大手建設コンサルタント七二万円＋一四五万円……」などの魅力的な金額が提示されているが、六十歳を超えた私には関係ない情報になっている。

右に紹介されている全部門の場合の年収は九一六万円、大手建設コンサルタントの場合は、一〇〇九万円となる。

一方、最近の賃金構造基本統計調査によると技術士の平均年収は五七二万円という数字もあるから、建設関係の技術者は比較的高いようだ。

なお、企業によって技術士の待遇は異なるだろうが、技術士の資格を取ると、一時金として一五万円を支給する会社や、月々の給与にプラス一万円程度の上乗せをする会社もある。

私は過去に二度（平成六年度、平成十五年度）一時金を受け取った。

パソコン利用で変化したこと

印刷の手間が必要なくなった

私が入社した昭和五十六年から昭和六十年頃までは印刷屋さんに手書きの原稿を渡して、活字に変換してもらっていた。当然、その段階では初稿の校正作業、二次原稿の校正作業などの作業が必要であり、何度も読み直しては校正を繰り返していた。校正作業は本筋の作業ではなかったので、原稿を自宅に持ち帰り、眠い目をこすりながら格闘したこともあった。

完成された報告書は完璧であるべきものだが、誤字・脱字も残っていることがあり、納品したときに恥ずかしい思いもした。過去の遺物「正誤表」も併せて納品したこともあった。

その後、昭和六十年頃から平成五年頃までは大型、卓上のワードプロセッサーを利用していたので校正作業は多少改善された。平成五年以降はパソコン利用により、この校正作業は簡単になり、原稿の校正に関わる無駄な時間が削減された。印刷原稿を印刷屋さんに渡すまでに修正作業ができる、また、文章作成時に校正を繰り返すことで、印刷報告書が完成するまでの校正作業時間を削減できた。一冊の報告書の校正に一カ月、長い場合には発注者との打ち合わせを含めて三カ月もかかっていたので、無駄な時間がなくなり、その分通常の業務に時間を振り向けることができた。

見やすくわかりやすい資料作成が可能になった

昭和五十六年入社当時、棒グラフ、折れ線グラフはすべて手書き。今のエクセルなら、数字の行列を入力し、簡単にグラフが作成できる。データの性格により、棒グラフ・比較棒グラフ、折れ線グラフ、円グラフ、クモの巣グラフ（レーダー）など、自在かつ瞬時に作成できる。

手書きのグラフ作成は、バイト・パートさんに依頼していたため、直接費用も必要だった。エクセルを使えば一瞬であるが、一つのグラフ作成に三十分、一時間など、事務所費用も馬鹿にならなかった。また、交通の実態や効果を地域別に表現する場合、市町村別の地図や設定したゾーン別に、ビニール製のスクリーントーンを、小刀のようなカッターを使ってきれいに張っていく作業もなくなり、その材料費の削減、バイトの人件費など、これも大きな節約効果になった。

単純なグラフだけでなく、地図にグラフを重ね合わせることや、地図上に複数の情報を載せることもできるようになり、顧客への説明力が高まったことは言うまでもない。

多くの業務ではワード、エクセル、パワーポイントを誰でも自由に扱える業務環境が整ったことで、報告資料作成が効率的になり、直接費の削減にも大きく貢献している。

パワーポイントも活用次第では、企画書の要点や報告資料の要点を伝えることができ、多くの図を張り付け、わかりやすい表示ができるようになった。

現在では、流れる文字、図形、音の効果も活用できるようになり、電子紙芝居（スライドショー）の原稿としても活用できるようになった。

電子メールの利用で業務が効率化

私が電子メールを使い出したのはWindows95が普及した数年後だった。

電子メールの利用で大きく変化したことは、打ち合わせの回数・外出の回数、また資料を官公庁に届けに出かける回数の減少の他、文書資料を宅急便や郵便で送る必要がなくなった。

このような業務はＦＡＸが普及した昭和六十年以降でも発生している。

ワードやエクセルの普及によって、官公庁への文書、報告資料を比較的容量が大きくても送れるようになった。このことは、一日の交通行動を観測しているパーソントリップ調査にも表れている。

それは会議打ち合わせなどの物の運搬を伴わない業務の移動回数の減少として表れている。

物を伴う業務と物を伴わない業務を合わせて「業務目的」と呼んでおり、ＰＣ（パソコン）普及前後の年度でその原単位や構成比をみるとＰＣの普及によって減少していることがわかる。

構成比でみると中京都市圏（名古屋市を中心とする概ね五〇キロ圏域）では、昭和五十六年が一六・五％に対して平成三年では一四・三％である。

また、日本の三大都市圏別にその後の変化を見ると東京都市圏の場合は増加しているが京阪神都市圏、中京都市圏は減少している。移動目的は出勤、登校、自由、業務、帰宅の五区分である。

なお時系列の変化分析に当たっては第一回調査圏域の市町村を対象に集計している。

○東京都市圏　　昭和六十三年九・四％から平成十年一〇・五％に増加
○京阪神都市圏　平成二年一三・五％から平成十二年一一・七％に減少
○中京都市圏　　平成三年一四・六％から平成十三年一〇・九％に減少

高齢化の進行により一日の行動回数（生成原単位）が減少し、構成比も減少している（各都市圏ホームページ掲載資料より）。

翻訳ソフトの活用で海外データ入手

国内の顧客（主に官公庁）に対して電子メールは業務の効率化、必要経費（移動交通費、アルバイトへの支払い等）の削減にも寄与し、パソコンがなかった時代を振り返ると非常にありがたい道具である。

官公庁への連絡は当然日本語であり、用件を直接メールできるが、英語圏の場合は多少身構える。

日本では初対面の相手に対して拝啓・敬具、前略・草々のパターンで済ませられるが、外国へのメールはどうしようと一瞬考え、手紙と同じパターンならいいかな？　と文章を切り出した。

私は英語の読み書きがそれほど不得意ではなかった。

翻訳ソフトを介して業務で必要になった公共交通関係の都市比較データ入手が簡単にできた。実は海外データの入手について、データを購入して民間企業相手に企画関係情報を販売している事業部の知り合いにも声をかけてみたが、経験がないということで断られた経緯がある。さて、翻訳ソフトの日本語から英語への変換はひと昔前なら、そのまま使えなかったが、最近の翻訳ソフトは少し賢くなっている。これには実はＡＩが関係している。Googleやマイクロソフトでも誤字変換などの情報を収集して変換の精度向上に役立てている。

それでも、実際にメールとして書き込む段階で、一部手直しをした。

相手はベルギーの公共交通データを保有している団体ＵＩＴＰ（国際公共交通連合：Union Internationale des Transports Publics）である。

こんなデータが欲しいとメールしたら、こちらの所属、連絡先などの入力フォームを埋めることになり、名前、職業、会社名、当該組織の会員の有無、会社の住所、郵便番号、国名、電話・FAX番号、私のメールアドレスなどを書き込んだ。

利用目的は行政業務と記入していたこと、また会社自体が調査研究機関だったので、一五%のアカデミックディスカウントをしてくれた。こんなやりとりは大学の研究者にとっては日常的な事だろうが、私には「はじめてのおつかい」のような経験だった。

最後に、振込先を求めてきたので、本社から振り込むと連絡して、一件落着。

最近のGoogleなどの翻訳サービスは実務にも使えることを認識した。

Google翻訳は、パソコンオタクの私の長男が中学時代に、英文和訳の道具としても使っていた。

実は、パソコンについては息子の方が数段上であり、小学校五年生の時にIBMのパソコンを使える環境にした。マイクロソフトのWindows95が販売された翌年だった。中学生になってから、自分でJavaScriptやHTMLなどを雑誌から学び、独自にホームページを作りだし、PlayStationのゲームの攻略法を情報発信していた。毎日夜遅くまでデータを書き換えることが彼の日課だった。

私が深夜に帰宅するといつもパソコンに張り付いていたので、「早く寝なさい」と言うのが唯一の親子の会話だった。

また、当時、息子が通っていた中学校はパソコン教育の指定校であり、中二の時にはホームページを作成する授業があり、息子が他の生徒に教えていたと妻から聞いたことがある。

パート・バイトの仕事内容も変化した

パソコン導入前は、手書きで資料を作成していたため、計算機の出力物、集計計果をもとに、表の作成、グラフの作成をしていた。

また、地図情報を使った図の作成もパート・アルバイトの手作業になっていた。

これに対して、パソコンを導入した後では、職員が作成した原稿をワード文書として入力する、簡単な計算結果のデータを、エクセルを使って各種グラフを作成する、さらには情報検索をしてデータを収集する、イラストレーターを使って様々な図を作成できるようになった。

さらに、高度な知識を必要とするＧＩＳ（地理情報システム：Geographic Information System）を活用して鉄道やバス網の情報を整理する、得られたデータをグラフ化するなども研究員補助の仕事になった。時代が変われば研究員とその補助をするパートさんの仕事もどんどん変化した。

これらの補助員の仕事内容は機械的な作業なので、ＡＩの時代になれば「機械」に置き換わることになるだろう。

第二章

官公庁業務の特性と公務員のあれこれ

日本の新たな施設整備は意外に遅い

駅のホームドアは三十年前にシンガポールで経験

私がシンガポールのＭＲＴ（Mass Rapid Transit）に乗車したのは一九八九年の夏である。私の生活環境では見たことがなかった「ホームドア」がシンガポールのＭＲＴで採用されていた。

設備・システム作製に参加していたのはトヨタ系列の企業と聞いたことがある。海外で視察してきた新交通・ライトレールなどが国内では整備が遅れているように見える。しかし、日本にも新たな交通システムのニーズがあってもすぐに手が付けられなかったのは、国内での整備制度の未整備や予算確保の遅れのためである。歴史的には、一九七四年に東海道新幹線の熱海駅で可動式ホームドアが整備されている。また、一九七七年には山陽新幹線の新神戸駅で同様に可動式ホームドアを設置し、一九八一年には新神戸交通ポートアイランド線で全駅にホームドアを設置していた。また、一九九一年に東京メトロ南北線で日本では初めてのホームドアを全駅に設置している（「ウィキペディア」より）。

日本に整備技術はあったが、ホームドアが新幹線以外でも普及し始めたのは平成十二年以降である。目の不自由な方が線路に落下して事故が発生したことなどが背景で「人にやさしいまちづくり」「バリアフリー」の考え方が浸透してからである。

欧米では視覚障害者が危険な目に遭わないよう周囲の人が声をかけたり助けたりする文化があることもホームドア設置率に影響している。日本国内では、形式的な委員会を繰り返し開催して気運を高めてから着手している。少子高齢化が進行し福祉予算が増大している日本では、既設路線でのホームドア設置に一駅当たり数億〜十数億円かかるため、予算確保にも厳しい現実がある。

現在の東京メトロのホームドア設置率は五三%（二〇一六年末）に対して、シンガポール、ソウル、バンコクの設置率は一〇〇%である。アジアの地下鉄は日本と異なり、最近整備されたものが多く、地下鉄整備とセットであることから設置率が高くなっている。

日本の社会資本整備が比較的遅れている背景としてもう一つある。それは民主主義だから。前述のように、社会資本を整備する場合、その必要性から始まり、整備の妥当性評価、メリット・デメリットを洗い出し国民が納得する理由を考え、予算獲得のために市・県、国へと膨大な調査報告書類を積み上げていく。とても膨大な調査予算を使い長い年月をかけてやっと完成する。

これが中国のように、共産党独裁だったら、与党・野党の意見交換もなく施設整備が簡単に決まっていく。上海の地下鉄網は約二十年間に約六四〇キロ、年間三〇キロ程度整備している。

平成に入ってから全国で都市計画駐車場が整備された

日本国内ではどこも駐車場不足の状況にあり、昭和六十年代、平成の初め頃は都市計画駐車場の整備計画、建設が進められていた。

私も昭和六十年頃から自治体の自転車駐車場の整備計画や自動車駐車場整備計画などに参加する機会があった。駐車場の整備が民間で進まなかった理由として整備のための貸付制度がなかったことも一因だった。その後ＮＴＴの売却による補助制度ができたことなどから、計画が推進され整備箇所は増加したが、整備用地の不足が問題になっていた。そのため政令指定都市などでは鉄道高架下、市内の児童公園や近隣公園などの地下を利用して空間を確保する方法も採用されていた。

現在では若者の免許保有率、自動車保有率は低下しているが、バブル期の地方では就業者一人に一台の自動車保有になっており、自動車走行による環境問題もあった。

最近では人口の減少、労働者の減少により、駐車問題はそれほど深刻ではないが、観光地などでは依然として休日に限って駐車空間が不足している。最近では、中心市街地内でのビルがなくなった箇所の有効活用としてタイムズ24などの企業が運営する駐車場が多くなり、人口が減少・自動車利用も多少減少していることで、以前より駐車場不足のニュースを聞かなくなった。

都市内の自転車利用はスマホ利用で増加

二〇一二年に台湾に行った。高雄市で夜の屋台村を散歩した帰り道で、観光客用の貸自転車を見かけた。台湾では自転車に乗るのは中学生またはご老人、買い物の主婦などであり、高校生はほとんどバイクで通学している。交差点で、最初に発進するのは停止線より前に並んでいるバイク群である。そのため、レンタサイクルは観光客が利用しないと使う人はいないが、簡単な操作で利用できるようになっていた。最近の情報では、台北市などにユーバイク(YouBike)というレンタサイクルステーションが八〇〇カ所以上設置されており、四時間以内で三十分ごとに一〇元で借りられる。三時間借りても六〇元(約二〇〇円)と安い。

これに対して、その頃、名古屋市と連絡している名鉄豊田線の豊田市駅前には、スマホで登録して利用できるレンタサイクルが稼働していた。同様に小型の乗用車の利用もできる。スマホでの自動支払いシステムができたことで、レンタルシステム利用も容易になった。

中国の場合は、スマホの活用が日本より多く、電子決済の普及だけでなく、都市内のレンタサイクルにも活用されている。但し、中国人の気質は明らかに日本人と異なり、自転車を返すべき場所に返さず、自転車がゴミ化しているというニュースもある。

平成十五年頃、上海の豫園の交通計画関連の仕事をしていた時、中国でも通勤時間帯に自転車を利用している風景を見かけたが、自転車の走行空間の整備は遅れていた。交通政策として自転車を都市交通手段として認めたがらない風潮があったようだ。自転車は貧乏人が利用するものという意識である。それが、最近では多くの問題を抱えながらもスマホが普及したことや電子決済の政策、都市内の渋滞に影響を受けにくい、駐車空間が容易に見つけられるなどから都市内のレンタサイクルが多く利用されている。

マニュアルは成果を保証するひとつの方法

マニュアルはどんどん更新されるもの

マニュアルまたは手引書とは、ある条件に対応する方法を知らない者（初心者）に対して、教えるために標準化・体系化して作られた文書である。

マニュアルはその時々の環境を考慮して作成され、環境が変われば仕事の仕方も変えなければならない。また、よりよいサービスを提供するためには、その方法を変えることが必要である。

みなさんが一度は行ったことがあるＴＤＬ（東京ディズニーランド）では、このマニュアルが活躍している。その理由の一つに、九割がバイトで、従業員・バイトの入れ替わりが激しく、新人が仕事を覚え、先輩の指導も含めて仕事の仕方を学ばねばならないからだ。

圧倒的なホスピタリティを持つＴＤＬではディズニーキャスト募集を継続的に行っている。マニュアルは新人に仕事のノウハウを提供するが、マニュアルだけに頼っていてはいい仕事はできない。

調査研究関係のコンサルタントの仕事も同じである。先輩の仕事の仕方や類似の報告資料をみて覚えるが、どこを見てもお手本になる先輩はいない。入社当時は仕事のイロハもわからなかったから、尊敬する先輩もいた。しかし、年々調査業務に対する発注者の要望が変化していて、先輩の仕事を見るより、社外に目を向けて、様々な講習会、研究会などに参加して学ぶことが要求されている。基本的な業務遂行方法、手順を覚えた後は、よその世界にも目を向けて、または書籍から新たな手法、情報を身につけることが必要になる。

官公庁には「マニュアル」がいっぱい

行政を行う上では多分野の施設整備や文書作成のための手続きが必要になり、建設部門の業務の中にも、道路整備、道路の維持管理、道路の整備効果把握など、多種多様のマニュアルが存在する。

例えば私のひとつの発注者だった国土交通省について「国土交通省　マニュアル」と入力するだけで、多分野のマニュアルが表示される。電線共同溝マニュアル、総合評価マニュアル、事業評価マニュアル、交通量調査マニュアル、電子入札マニュアル、全体スライドマニュアル、インフレスライドマニュアルなど。

また、私が特に関係していたマニュアルとして事業評価マニュアルや総合評価マニュアルなどがあり、その中の事業評価マニュアルをのぞいてみると、道路整備の効果把握や事業の優先度評価にも活用する「費用便益分析マニュアル」は、国土交通省の道路局、都市・地域整備局に共通する指針であり、高速道路、県道、都市内の道路など都市計画決定された道路の事業性を評価する。

また、項目として、本マニュアルにおける費用便益分析の概要、便益の算定、費用の算定、費用便益分析の実施、というように方法論が記述してある。

道路だけではなく、鉄道整備についての費用便益分析マニュアルや空港整備の費用便益分析マニュアルなども整備されている。コンサルタントはこのようなマニュアルを利用して交通施設整備関連の業務をこなしている。

アンケート調査対象者はマニュアルに沿って抽出される

コンサルタントにとっても簡単なアンケート調査は次のような考え方で実施される。

まず、アンケート調査で得られた意見の構成比の確からしさを保証するために、大事な質問の構成比の誤差を考え、回答率を事前に想定してアンケート対象者数を住民基本台帳から抽出する。

この基本的な考え方はどこの市にでもある名簿抽出マニュアルに沿って実施される。

例えば、行政に関する意見の構成比を求める場合、多くは成人（二十〜八十五歳）を対象にする。対象者は、性・年齢別の居住人口の割合に応じて抽出する。抽出に当たっては、市が委託する電算業者または市民名簿（住民基本台帳や選挙人名簿）を管理している業者に依頼して、ランダムに抽出する。このランダムとは等間隔抽出と言ってもいい。特定の人を抽出するものではなく、とにかく五人おき、十人おきなど、抽出する数に応じて規則正しく抽出する。

この抽出の際に、特定の人を除く場合がある。アンケートの対象者として、市長を選んでもいいが、アンケートの目的により異なるが、多くの場合は除外する。また、特定の議員や問題を抱えている人なども除外する場合もある。

かなり以前の対象者の抽出はコンサルタントに委託する調査費の中に抽出費用を見込んでいたが、最近は行政側が別途委託して抽出し、コンサルタント側に渡す。つまり行政内部の課の職員が抽出する。

コンサルタント側が抽出する場合、抽出のために集められたアルバイトが市町に行って、個人情報を書きとることになり、近年の個人情報の扱いとして問題になっていた。

発注側がアンケート対象者名簿をファイルまたは電算リストとして準備し、受注した業者に渡す。

郵送アンケート調査の場合は、土日などに記入していただくことを想定して、配布・発送日を決め、二週間程度の中で回答が得られるようにする。

こんな市民アンケートを実施しているときは、対象になった市民から電話が入ることがある。ある土曜日に会社に出社したときのこと。なぜ、私が選ばれたのか、と多少怒りに満ちた男性・ご老人からの電話である。会社には私一人。私は、抽出の方法を説明するとともに、ご老人が気にしている「個人情報保護法」について説明し、行政目的で、住民基本台帳から等間隔で抽出した結果、あなた様が選ばれた、と説明するとともに、抽出は市が実施しているとの説明を追加した。行政目的でアンケート調査を実施するときに、必要な対象者を抽出することが正しい使い方であり、法律違反でもないことをわかって頂いた。

さらに、アンケート調査の結果は、回答者数や意見に対する構成比を示すだけで、個人名を出すことはありませんと、その後の活用の仕方も付け加えた。

個人情報保護法が名簿作成に与えた影響

個人情報保護法ができてから、アンケート調査がやりにくくなったことがある。

大規模調査の場合、特に数万人、数十万人を対象にしたパーソントリップ調査は対象となった世帯全員の一日の行動を調査するが、三十年前は市町村別の対象名簿作成のためにアルバイトが書き写していた。世帯の住所、世帯主とその家族の氏名をまとめて抽出できていたが、平成十七年に実施した調査時には、住民基本台帳の公開形式が変更された。市町村により異なるが、生年月日末尾順、字別個人別、字別ランダム、字別50音別、自治会別世帯別等となり、アンケート調査実施前に世帯対象に送付する「お願いハガキ」は世帯主名がわからないために苗字だけにしたことがあった。

また、世帯人数がわからなくなり、調査票配布時に世帯人数を聞かざるを得ないことになった。

名簿作成の手間が多くなり、作業への負担、アルバイト費用が大きくなった。

大きな都市では世帯対象名簿を市で抽出し、コンサル側に渡せるが、町村になるとその体制が確保できないことから、調査員が大変苦労する場合がある。

調査員の時間が長引くことによりバイトの支払額が増え、直接費用も増加、コンサル側の利益も減少した。

高齢調査員が対象世帯名簿を紛失してマスコミ沙汰に

日本に限らずマスコミの社員は自分の記事を作成するために、官公庁、民間企業を問わず、不祥事があれば無理やり電話をかけてきて、あなたは悪い人間だとレッテルを貼りたがる。

東京で交通研究部長を担当していた頃だった。

弊社が元請けで、関東地区で大規模アンケート調査を実施していた。調査方法は家庭の訪問配布・訪問回収法のため担当地区の調査員はアンケートを配布するために調査世帯名簿を持ち歩いていた。

調査員は協力会社が雇っていた高齢者であり、その調査員が名簿を紛失した。紛失した調査対象名簿には住所と世帯主の氏名、世帯人数が記載されていた。世帯数は何カ所だったのか不明だが通常は五十〜八十世帯程度。平成十五年以降で、個人情報の保護が国民にも十分行き渡っていた頃、直接的な害はないにもかかわらずある新聞社から連絡が入った。個人情報により、個人の生命・財産を脅かす者が出てくることを心配している。私自身、その調査の実務には関係しておらず、実際に管理していた室長からは社内で何の報告もなかったが、私は部長という立場上会社としての責任を取らされることになった。

一般的に、部長なら関係部署についてすべてを把握しているだろうと考えることは普通だが、全く知らない中で新聞社の一記者から、あんたの管理責任というレッテルを貼られた。

あの時の調査は私の上司と室長が担当していた業務であり、信頼できる協力会社が調査員を管理していたが、誰も高齢者が名簿を紛失するということは想定していなかった。高齢調査員すら想定していなかっただろう。こんな場合は責任を取る者が必要だ。調査を管理していた室長または当該調査に関係していた私の上司が責任を取る立場にあると思ったが、私に新聞社の対応をしろと指名してきた。

また、初めての経験だったが、新聞記者は電話の中でも調査員が対象名簿を紛失したことは事実であり、会社としての罪を認めろという口調だった。

仕事では「ホウレンソウ」（報告・連絡・相談）は常識だが、あの時は部下である室長から何の報告も相談もなく、新聞記事から知った。

マスコミは知る権利、報道の自由という名目のもとに、人々の生活を破壊しても気にかけないのかも知れない。

最近、野党とともに与党をつぶしにかかっているような記事が目立つ。日本の国、日本人の生活を向上させるための独自の提案でも聞きたいところだが、批判するだけが今のマスコミなのかと思ってしまう。

韓流ドラマに『ピノキオ』というタイトルのテレビ番組があった。テレビ局の報道記者の日常を描いている内容だ。ある女性キャスターは事実を詳細に確認しないまま表面的な事実を報道し、ある家族のその後の生活を破壊した。報道記者は責任を感じることはない。

報道記者の中には日本で言う「記者クラブ」の情報を記事にするという生活をしている人々がいる。このドラマでは警察関係の記者クラブであり、いくつかの会社の社員が集まり、警察の報道担当者に、何か記事になるネタはないかと詰め寄る場面もあった。自分の足で情報を収集、確認しないで記事を書いている。その結果、一般市民の生活をダメにする場合もある。

日本の記者クラブの多くは、記事をA４サイズの原稿として作成し、記者クラブに詰めている記者に配布し、これをもとに記者が多少の表現の違いをつけて新聞等に掲載する。

日本の報道記者の中には人のためにするように見せて実は自分の利益を守る報道に終始する記者も多いようだ。今の新聞やテレビ関係の記者は特権意識を持つエリートが多い。所属する記者は官僚の発表を頼りに番組や記事を作ってそれ以上取材をしない。追加取材をして失敗したら、せっかく築いた地位を失いかねないこともあるから。

官公庁のマニュアルも改善の余地がある

業務を通じて疑問に思ったことを三点あげる。

一つは、道路整備（社会資本整備）の費用便益分析マニュアルについてである。

このマニュアルでは、社会的割引率として四％を使っている。社会的割引率とは現在と将来の価値の換算に用いる数値である。例えば、現在一〇〇円の価値があり、年率一％の価値上昇があるとすれば、十年後では約一・一倍、これが四％となれば一・四八倍となる。

この設定値は国土交通省が委員会を開催して議論した結果である。

「公共事業評価の費用便益分析に関する技術指針（共通編）」（平成二十年六月）では、市場利子率、具体的には平成三年から平成七年における国債（十年もの）の名目の利回り平均四・〇九％などを参考に設定している。

現在はマイナス金利のためほとんどゼロ、多くの都市銀行の金利は〇・〇〇一％であるから、四％は夢の世界である。マニュアルは時代の流れ、環境の変化に対応して修正を加えていくべきものだが、現在の国債利回りなどに設定してしまえば社会資本の施設整備効果は国民に説明がつかなくなる。そんなこともあるから、現在でも四％を使っているのかもしれない。

ちなみに、西暦二〇〇〇年前後の海外（イギリス、ドイツ、フランスなど）の費用便益分析に適用されている指針でも社会的割引率は三％、四％、六％などの設定値がみられる。

どこでも社会資本整備については「見栄張る君」のようだ。

二つ目は、市街地再開発事業の費用便益分析マニュアルに沿って、あるコンサルタント企業が推定した例についてである。市街地再開発事業のうち、民間住宅棟の売買によって生じる金額を便益として算出していた。

私の記憶では、便益としてカウントできるのは、売買利益ではなく資産価値等である。民間の住宅の場合、売り手と買い手がいて、金銭のやり取りがある。収支を考えれば売り手は利益を得るが、買い手が支払っている。このような場合、市場の中で金額が相殺されるはずである。

別の例として、鉄道整備の場合、鉄道事業者が乗車料金を得るが、利用者が支払っているため、これも相殺され、便益としてはカウントされない。

この便益の算定の仕方について、過去にお世話になった大学教授に電話して、「なんか変だね」という連絡も受け、意見は一致した。

三つ目は道路整備の優先度を評価をするためのマニュアルについてであり、平成八年頃のことである。

手法の透明性や行政の説明責任が求められている中で「ネットワークに拠らない場合は現況で並行する道路の交通量を参考にして、当該路線の交通量を設定する」「最終的には行政判断で優先度を設定することができる」と受け取られる表現があった。これは市町の財政事情に配慮したものである。

ネットワークに拠らない場合とは、道路網データを作成し、国や県が設定した将来自動車交通量を一般的な交通量配分手法により作成しないで、独自に将来交通量を設定する場合である。

私の場合、平成七年頃に道路整備の優先度評価手法として階層構造法（ＡＨＰ手法）を適用して、道路整備の優先度評価を行って、地域住民の方にも説明できる手法を試みた。次の年度にこのマニュアルを目にして、数値でわかりやすく表現できる方法はないものかと考えたのが、ＡＨＰ手法を採用した道路整備優先度設定の考え方である。マニュアルの内容に異議を唱えているわけではなく、新たな手法を作ってみようと考えるきっかけになった。

このマニュアルには道路整備に影響するいくつかの要因が設定されていたが、どのような考え方で評価するのか、その具体的な手順が明示されていなかった。そのため、過去の試算経験を生かして平成九年度の道路整備の優先度評価では階層構造法に利用する評価指標として新たな指標も考慮し、指標の重みがわかり、市民にも説明できる分析方法とした。

このようにマニュアルの中には第三者から見て、何か違うぞ、今の環境にあわない、などと思えるものがある。国のマニュアルとしてあるコンサルタントが知恵を絞った成果であっても、完全ではない。アメリカでは、交通量配分手法が恣意的で行政に都合の良い結果を算出するということで、裁判沙汰になっていたことがある。

日本国内でも利用されていた「四段階推計手法」は、人口から道路の路線交通量を算出する場合、第一段階で人口をもとに総発生量、総集中量を算出する。第二段階で地域間の目的別の総交通量を算出する。第三段階で目的別交通手段別交通量を算出する。そして、第四段階で路線別自動車交通量を算出する。それぞれの段階では、現況の観測交通量をもとにして推計モデルを作成している。

推計方法の問題点として指摘されたことは、地域間交通量の推計、交通手段別交通量の推計、道路の路線別交通量を算出するときの地域間の所要時間として同一の値を使用していないことで、平成十年頃に日本国内の大規模調査担当者の中で問題になっていた。

最近では利用者均衡理論を利用することで、時間として共通の値を使用している。

ただし、この利用者均衡理論も完全なものではないと考えている。

企業内の業務マニュアルについても言えることで、マニュアルは当面の基本路線を示したものに過ぎないことから、実際の業務遂行では疑問がいろいろと出てくる。そのマニュアル的なことに対して「気づき」ということが発生する。私が所属していたグループ企業では、この気づきを大事にしており、業務の効率化に関する気づき、顧客対応に関する気づき、ダイレクトメールの際の気づきなど、些細な業務改善について「賞」を与えていた。過去のことなので、現在も実施しているかどうかはわからないが、仕事の仕方については常に疑問を持って新たな方法を模索することが必要である。

コンサルタントの社会的評価

職員の大半は大学院修了者

私が入社した時、公共事業関係の事業部では、もう一人は経済学を学んだ大学院修了者。次の年度以降の入社も一般からの応募、大学の研究室からの紹介などの新人はほとんどが大学院修了者になった。大学・大学院で自分の専門分野の知識を蓄積してきた若者たちである。

私の入社以前になると大学院に進む割合が低いことや民間の経営関係のコンサルタント部隊で、徒弟制度的な社内教育制度があり、仕事は会社に入ってから覚える、つまり専門知識がなくても何とかなっていた。

コンサルタント企業が大学院修了者を多く採用する理由は、専門分野の知識の他に、発注側である公務員に知り合いがいることで、業務の獲得や遂行が円滑に進むなどの期待があったのだろう。

もう一方で国公立大学出身者を多く採用する傾向にある。国公立大学の大学院修了者なら、一般的にまじめで努力家も多い。企業にとってはそんな期待もあったようだ。

東京大学、東京工業大学、筑波大学（東京教育大学）、京都大学、九州大学、名古屋工業大学、埼玉大学、山梨大学、岐阜大学、東京海洋大学（東京商船大学）、東京都立大学（首都大学東京）など。

一方私立大学では、早稲田大学、慶應義塾大学、明治大学、日本大学などの出身者が周りにいた。

私が入社した後、私が所属していた研究室から三人、人文学部、理学部からそれぞれ一人、さらに首都大学東京になってから一人、合計七人も在籍していた。

派閥を作ることもないが、東京都の業務の入札の時に私がリーダーになって四人で参加したことがある。

一方で、私が所属していた交通研究部には、日本大学の卒業者が四、五名ほど在籍していた。日本大学の理工学部に「交通」に特化した学部が存在していたことが背景にある。

一方、昔の話になるが私が通っていた工業高校には、上位五番目までの成績者には、日本大学、東北工業大学など、いくつかの私立大学に推薦入学できる制度があった。私の一年上の先輩が東北工業大学の建築科に入学したことを知っていたが、私の代では誰も推薦を希望しなかった。

私の場合は、卒業後の就職に対する不安の他に、私立大学に通うだけの経済的環境がなかったため、学部の年間授業料が一万五〇〇〇円の東京都立大学に絞らざるを得なかった。当時は国立大学の年間授業料は三万六〇〇〇円だったかな。

日本の技術者の評価は大学の先生が上

コンサルタント生活を経験して分かったことは、中小企業のコンサルタントは、技術士であっても、行政側の調査担当者から低く見られているということである。明らかに大学の先生が上であり民間のコンサルタントは作業員として見られがちである。

この背景にあるのは、博士号と技術士に対する社会的評価のためだが、それとともに、日本と先進諸国の博士号取得割合にも、その背景を探すことができそうだ。

日本では一九六三年の大映の映画で「末は博士か大臣か」と言われていたように、博士号に対する評価は高い。

技術士（Professional Engineer）は、技術士法（昭和五十八年四月二十七日法律第二十五号）に基づく日本の国家資格である。昭和五十八年は一九八三年であり、大映映画の二十年後に生まれた資格である。ただし、昭和三十二年に技術士制度が発足している。

ちなみに、二〇一二年における人口一〇〇万人当たりの博士号取得者数（理学、工学、農学）は日本四八人、米国九〇人、ドイツ一五二人、フランス一〇七人、英国一七六人、韓国一〇三人である（韓国は二〇一三年値）。

日本は米国や韓国の約半分の人数である。

また、二〇一二年における人口一〇〇万人当たりの修士号取得者数（理学、工学、農学）は日本三六三人、米国三五二人、ドイツ六二六人、フランス四二八人、英国八〇四人、韓国三八三人であり、日米韓の三カ国に大きな違いはない。つまり、日本人は修士修了の人数はそれほど少なくないが博士課程までに進む人が少ない、若しくは社会人になってから博士号を取得する人数が少ない。

このような相違がある中で、日本のコンサルタントは米国に比べて社会的評価が低いのかもしれない。

大学の先生は博士号を取得していることは事実であるが、必ずしも問題解決能力を有するとは言えない方もいる。委員会の発言などは毎回類似の質問や問いかけをする光景を何度も見ている。

特に、大規模プロジェクトで定期的に実施される調査委員会などでは、若手の育成のために大学の博士課程の学生を参加させることもあり、建設的な意見を期待していないケースもある。つまり、大規模調査の会議に参加していただくことにより、博士課程の学生や若手の「学識者」を育成している。建設コンサルタントは過去の調査方法、調査での提言事項などの技術蓄積を有しており、大学の教授に期待することは新たな調査手法、分析手法、政策メニューなどであるが、私が参加した委員会の中で建設的な提案を受けたことは少なかったと感じている。

大学教授と共同で論文作成、発表は大学教授

前記のように社会的背景が異なっても、コンサルタントが作成した調査研究結果を学会に官公庁の職員や大学の教授が連名で論文を提出・発表することはよくある。

大学教授、准教授などが共同で研究して都市計画学会や土木学会などに論文発表することは多いが、国の行政機関、官公庁出身者で大学に教授として勤務し、国や市町の調査委員会の委員長などを務めている方の場合、委員会での調査結果を学会に論文として提出・発表するケースもある。

私が四十歳前にある都市で作成した整備効果の試算結果が委員会の中で面白いといわれ、都市計画学会に連名で発表したことがある。

発表する場合は教授が発表することが多い。また、論文に記入する連名の順番にも習わしがあり、発表者は一番目、その他関係者は二番目以降、コンサルタントは基本的に最後である。発表者は論文の技術的内容を指導するしないにかかわらず、大学教授となっていることが多い。

もちろん、コンサルタント同士で発表することもあるが、これはコンサルタントの自主的な調査研究の場合であり、受託調査結果を発表することは少ない。

これは、技術士や受託者には守秘義務があり、調査結果を発注者の許可なしに発表することはできないためである。

また、この場合でも受託調査の成果として入手した調査データも勝手に利用することはできない。

例えば、パーソントリップ調査は道路の整備や公共交通機関のサービス向上だけでなく、交通にかかわる将来予測モデル作成にも使える。さらに、地域に居住する人々の一日の時間帯別の移動目的や利用交通手段の内訳も分かるため、被災時の避難活動、商業活動や民間の営業活動にも有用であるが、民間の利用は制限されている。

アメリカの場合は一九九〇年頃からＤＯＴ（United States Department of Transportation〈アメリカ合衆国運輸省〉）で入手したデータを民間に有料で提供している。データを有料でも入手できれば、コンサルタントとしての研究活動範囲は広がる。この成果を論文として自由に発表できれば、日本国内の建設コンサルタントの社会的地位の向上にも役立つかもしれない。

国勢調査では十年に一度の間隔で就業者・就学者の通勤・通学行動を市町村間（市町村内々）で公表している。データ精度としては粗いが、パーソントリップ調査データとの比較などに活用されている。パーソントリップ調査のデータはゾーンサイズが詳細になり、性・年齢階層・職業により、個人が特定されないとも限らないため、プライバシー保護の観点から公表できないとも考えられる。しかし、性・年齢階層・職業の区分を粗くすることで個人の特定が難しくなる。

国が実施する調査は原則として目的を達成した後は国民が経済活動などに利用できるように

公表している。そのよい例が、国勢調査結果であり、市町村別の人口や世帯情報、住宅関連情報、通勤・通学流動などをCDなどで提供している。

これに対して、人の一日の行動内容を多面的に捉えているパーソントリップ調査結果を民間に提供していないため、貸し出し基準を緩和しても良いのではないかと考えている。サンプル調査としての問題点を除いて、個人情報を集約したデータとして販売すれば、民間のビジネスにも活用でき、自治体の次の調査費用の足しにもなる。

忙しい技術系コンサルタントとは

コンサルタントは定型業務が少なく、研究的な業務であるため日々考えながら仕事をしている。

そのため、基本的に忙しいが、中にはチャランポランな職員もいた。もともとこの職業にあわない人、能力的に無理な人、努力してもまともに仕事ができない人。

どんな職業の中にもこんな人たちがいる。同世代の中には、計算業務を外注して計算結果のチェックもせずに顧客に提出し、叱られていた職員もいる。ＣＳ（顧客満足度）調査で「非常に不満」と評価されるケースである。研究員すべてが優秀で「できる」人ではない。ゴルフや麻雀は得意だが仕事はいまいち、業務の終了期限を守らずいつも低い評価を受けている人、病気がちで仕事にならない人など、いろいろなケースを見てきた。

こんな組織の中にも特に忙しい人がいる。忙しい人は言い換えれば稼ぎが多い人であり、その特徴として多くの顧客を持っている。

多くの顧客を持つためには、日々営業をして、人脈を作り、良い仕事をしなければならない。良い仕事をこなすためには、多面的な知識が必要である。特に私が経験してきた交通計画や交通政策の仕事では、人の移動や交通に関するいくつかの分析・予測・評価モデルに精通していなければならない。また、交通の将来予測のためにはその基礎となる将来人口の予測も必要になり、予測方法の熟知は必須。

さらに交通関係の仕事を専門とするが、住宅問題や高齢者問題などのデータを集計・分析する能力、データ間の相関関係・因果関係を分析する多変量分析手法にも通じていることが必要である。

一方、様々なアンケート調査から問題の解明に必要なデータを入手するため、アンケートの仕方とともにデータの信頼性を保証するためにサンプリング理論も知っている必要がある。

コンピュータの操作技術があり、プログラム言語も使いこなせることが望ましい。

自分の専門分野の政策に関する情報、分析に関する情報を得るためには語学力も必要であり、海外の研究報告を必要に応じて読んでおくことも重要なことである。

大学に入学したときに先輩が、自分の専門以外に、統計学、コンピュータプログラムの作成、語学を勉強しておくことが必要と言っていた。まさに忙しい技術系コンサルタントに必要な要件である。

日々の営業とは、顧客を訪問して現在の問題・課題を聞いてどんな対策を想定しているのか等を聞くことであり、一緒に問題に取り組む姿勢を示すこと、または関連する報告書、資料を入手してくることである。なお、こんな話ができる相手は、過去に一緒に調査に取り組んだことがある顧客に限定され、初対面の相手ではない。

調査研究業務に必要なデータの分析手法は必要に応じて勉強すればよいが、学生時代にその基礎となることを学んでおくことが必要である。私の場合は、学生時代にＦＡＣＯＭの中型計算機で統計パッケージを使って多変量解析手法の使い方を学んだ。また、統計数理研究所に数量化理論の基礎を学びに行ったこともあり、実数データ、カテゴリデータに対してどんな手法を適用すればよいのかを勉強する機会があった。さらに、入社初年度に統計の専門家である先輩から多変量解析に関する事例の収集・報告会等を通じて教えていただく機会もあった。

コンピュータのプログラミングについては、専門課程で単位を取得しようとしたが、五十人の受講生の中で単位取得できるのが片手で数えられるほどの人数になる授業だったため、リタイアした経験がある。それでも卒業までに自分で赤本（昭和五十年代にプログラム例が載っていた本）をもとに勉強し、入社一年目に基本的な集計プログラムを作成し、仕事に役立てることができた。

人口予測方法については厚生省人口問題研究所（現在は国立社会保障・人口問題研究所）の研究員の方に教えていただき、将来交通量の予測方法については過去の報告書や一緒に仕事をしていた他社の先輩に学んだ。

経済効果予測の一つである産業連関分析は日経の単行本をじっくり読み、ＢＡＳＩＣでプログラムを組んだこともある。こんなふうにして仕事に必要な基礎的な分析方法を身に付けた。

その結果、入社五年目頃から順調に仕事を獲れ、かなり稼げる研究員になった。

主任研究員になったのは三十二歳だったが主幹研究員になったのは通常より二年早い四十歳だった。こんな感じで忙しいコンサルタントになったものの、出世するコンサルタントになるためにはもう一つの条件が必要とされていた。

それは、技術士になった頃に六本木辺りの飲み屋でグループ企業の重役を含めて飲み会をしていた時のこと、重役は「成功するコンサルタントは体がでかいこと」と言っていた。

つまり高身長であること。

今の世の中でも、女性の結婚相手として、三高（高学歴、高身長、高収入）は当たり前であり、コンサルタントにもこんな条件が必要という。高身長の方が顧客にとっては威厳があり、信用性も高くなることは認めやすいことのようである。

こんなふうに、ある職業に向いているかどうかをＡＩに診断させるにはどんなデータベースを準備したらいいのかな？

公務員の仕事能力と資格取得

技術士資格を持つ公務員が増加

業務の発注者としての公務員も技術士の資格を取得する人が増えてきた。

公務員は退職したときに民間の企業に行く場合もある。また、発注者側が調査に関する分析手法などの基礎知識を習得することでよい成果も生まれる。最も多いのは国の機関に属する公務員であり、その他、私も知っている政令指定都市の公務員、大学の先生方である。

最初に名刺から分かったのは、私が三十歳の頃に一緒に残業した調査担当者であり、彼は技術士を取得していた。また、大学の先生は博士号を持っているが、知り合いの先生は建設部門の技術士、総合技術監理部門の技術士を取得していた。

ちなみに、平成二十八年度の技術士の合格者数でみると、合格者総数三六四八人のうち、建設部門が一七八六人と約半数を占めている。次に多いのは総合技術監理部門の四七三人、機械部門の二二六人、電気電子部門の二〇六人である。

また、官公庁関係（官庁、地方自治体、教育機関、独立行政法人等、公益法人）の合格者数は全体の二〇・六％を占めている。

私のような建設コンサルタントは三五・六％、機械や電気電子関係の民間企業等は四二・二％である。さらに受験者に対する合格者数の割合を見ると、官庁や地方自治体の受験者の合格率は約二二％と高く、建設コンサルタントの一一％の二倍になっている。

この二倍の開きの理由を考えると、公務員は調査・事業の指揮監督を行っており、調査の概要を整理する能力があること、民間の技術者より公務員は勉強好きが多いこと、技術士の審査は関連する部門の国家公務員や大学教授三人で構成されていることも一因と推察される。互いに知っている場合もあれば、当該事業などに大学が関わっている場合もある。このようなことから公務員の合格者数が多くなっているのかも知れない。コンサルタントの場合、多忙な日々を送っており、勉強に充てる時間も少なくなるという現実もあるようだ。

国や地方自治体の職員は地域住民に対する出前講座や地域住民との意見交換会などを行い、専門的な知識を蓄積し、論文発表などの活動も行っており、資格取得に対する欲求も高まっている。

想定問答集の作成も仕事のうち

私が入社三年目の頃、大規模な調査委員会実施の際に、想定問答集を作成した記憶がある。

作成はコンサル側であり、委員会の時に回答するのは、国・県・市の課長または係長クラスの調査担当者だった。その作成のために、一〜二回の会議を開き、想定される質問が他にあるか、答弁内容に間違いはないかなどを議論する。

これに対して、国会の委員会等の審議の場合、野党の質問は前々日の正午または十八時までに「質問通告」として受け入れられ、その後、質問内容に応じて担当の部局・課に配分される。与野党の申し入れでは、前々日としていたが、実際には前日の夕方に届けられるため、霞が関の公務員はこれを夜中に整理し、さらにその内容を総理や大臣が答弁するために修正を加える「審査」が行われ、その後に総理や大臣へのレクチャーを行う。結局、公務員は朝を迎える。

調査委員会のための想定問答作成は、国会の委員会等の審議の場合よりもずっと楽な作業であるが、当時の調査担当者の課長クラスは、日々の会議報告を受けているので、質問に的確に答えられたように思う。

最近では、コンサル側が委員会資料を説明し、教授等の質問にもコンサル側が回答する例が多くなり、「行政側の意見」を求められた場合は行政側の課長等が答えることが多くなった。

第三章

残業の背景は売上減少と成果意識

バブル崩壊後の契約金額は約半額に減った

バブル崩壊の影響は一九九五年以降

日本のバブル崩壊は平成二（一九九〇）年である。平成二年以降、大手銀行をはじめとして大きな負債を抱え、そのために日本経済が回らなくなっていた。その悪影響は国・地方税収の大きな落ち込みとなり、結果として大きな金額が必要な社会資本の整備や調査研究部門の予算は年々減少していった。世の中全体に支出に対する優先度評価、税金の正しい使い方、説明責任、調査成果の透明性などが求められるとともに調査関係予算はどんどん目減りしていった。

私が関わっていた大規模調査などは昭和五十年代の予算と比べて六～七割程度になり、調査方法の変更や経費の削減行動を余儀なくされた。

ただし、建設部門の予算は、バブル崩壊後の数年は何とか出ていたが、平成十年頃には、枯渇に近い状態になった。最初に調査費の削減の影響が多かったのは地方自治体であり、徐々に国の公共投資の予算も減少した。私が関連する調査費を思い出すと、バブル崩壊以前の受注額の平均は大規模調査を除いて平均八〇〇〇万円程度だったが、バブル崩壊後は五〇〇〇万円程度に低下し、三〇〇万円か、それ以下の業務も受託せざるを得なくなった。

一九九五年以降は給与の伸びが鈍化

バブル崩壊は一九九〇年であるが、経済的悪影響がじわじわと浸み出してきたのが一九九五年頃からである。一九九五年にはマイクロソフトのWindows95が登場した。

この頃に入社した職員の給与は業種にもよるが平均的に低下傾向にあり、その後十年程度は下がり続けた。そのため、若者はパソコンや情報機器にお金をかけるようになり、少ない給与のため自動車の購入ができなくなるなどの経済的環境になった。統計的には、若者の自動車運転免許の取得割合は低下した。今では、それだけではなく、結婚できない若者が増えている。一方で、女性の社会進出が高まったことにより、結婚しなくても自立できる女性が増加したとの見方もある。男女とも晩婚化がスタートした。

この影響は合計特殊出生率として表れ、日本経済が以前よりも良くなっていると言われても子供の出生数は減少の一途をたどっている。一方、女性の社会進出が進むとともに、結婚年齢が大きく上がっており、高齢出産では卵子の劣化により、ダウン症の子供の出産も問題になっている。

少子高齢化により、日本国内の労働人口が減少し、アベノミクスにより日本経済が少し良くなってきていると言われ、日本企業の株価は上昇してきたが、企業の内部留保も多くなり、多くの若者が契約社員やパート・バイトとして頑張っている現実は当面改善しそうもない。労働人口の確保の必要性に対して、外国からの移民を認めない国のやり方には賛成できない。アメリカはもともと移民で構成された国であり、年間数十万人の移民受け入れがあるため、人口全体は今でも直線的に増加している。そのため、労働者が簡単に解雇される社会であるが、労働者数は大きく減少していない。これは失業手当の申請数などが減少していることからもわかる。

また、日本の高齢者の増加に対して、介護を必要とする人数も増加しているが日本国民の労働力不足に対して、フィリピン、ベトナムなどの国々から労働者を受け入れる体制も整っていない。この点では、十年ほど前から台湾で取り組んでいる外国からの移民受け入れと雲泥の差ができている。

若者が元気になり、国力を高めるための経済政策が必要とされている。最近の総選挙では、自民党が選挙への参加率が高い高齢者の優遇策を少し減らして子育てや若者を大事にする政策を実施するとの情報はよいことだ。

通訳機器として、最近はＡＩ通訳機「ポケトーク」が登場し、五十五カ国またはそれ以上の言語で会話ができるようになってきた。国は、あくまで日本語を話せることを受け入れの条件としているが、日本語が上手になるまで、電子機器を使ってもよい時代になっている。安くなった翻訳器を有効活用すべきだ。ポケトークは二万円から三万円ほどで購入できる。

最近、日本語ができない単純労働者の受け入れにも光が当たってきたようだが、どんな展開になるのか楽しみだ。今後とも増加していく高齢者の年金とも関係しているから、私の今後の生活とも関連している。

入札で「不調」が多くなった

調査予算が少なくなれば、当然入札金額に大きな変化が表れ、コンサル側の入札額と行政側の予定額に大きな乖離が表れ、結果として「不調」という事態が起こる。つまり、コンサル側の最低金額より行政の予定金額が下回っている。

こんな場合は、行政側は最も低い金額で入札した業者に頭を下げて、どうかこの金額でお願いできないかと、交渉することになる。私も一度ある県の実態調査及びデータ分析を行う調査で、お願いされたことがある。金額が少なく、結果として赤字になるなら絶対に断るが、多少の金額でも残りそうな場合は引き受けざるを得ない。つまり、調査にかかる直接経費（実態調査費用やコピー代、協力会社への支払い費用、印刷関係経費など）の合計額より入札で自治体側が準備している金額の方が下回っていれば、いくら頭を下げられても了承することはない。

あの時は、県の財政的理由の他に、前年度に同様な調査をある大学に安く委託していたことも分かった。大学に委託すれば、コンサルに委託するより人件費が大きく削減できる。

調査担当者は、調査に必要な人件費を吟味せずに前年度並みの予算で入札に臨んだために、「不調」が起こった。私も学生の時に研究室に依頼されたことを分担したことがある。駐車場の特性の一つとして、観測された入庫時刻、出庫時刻から車の駐車時間をナンバープレートのマッチングにより算出し、時間帯別の駐車台数、駐車時間の平均値や分散値を算出するため、計算用のプログラムを組み、多少の謝礼を頂いた。

最近でも日本経済は好転していない。少子高齢化で税金が減少しているため、公共関係予算は減少している。そのため、至る所で「不調」が起こっている。

概算でバブル前の調査予算は現在半分になっている。当然利益率は大きく減少している。

バブル期以前は調査予算の半分くらいは限界利益として残せたが、今では一〇〇万円、ひどい調査になると五〇万円程度残るだけであり。技術者の人件費が稼げない。私の会社では主任研究員以上（年齢で見れば三十二歳以上）のクラスは一人当たり三〇〇〇万円程度の目標額が与えられていた。そのため、利益率の低い業務を受託すると赤字になる。仮に、限界利益が平均三〇〇万円とすれば十本の業務を受託することが必要になり、年度後半には残業が多くなり、睡眠不足の日々が続くことになる。

契約金額の低下は残業時間の増加原因

契約額の減少傾向は、確実に受注本数の増加を招く。多少安い業務でも受注せざるを得なくなる。

いくら安くても一定水準の成果が求められるため、手を抜けない。安くても手間はあまり変わらない。

結局、深夜まで頑張るか、自宅に持ち帰ってパソコンをたたくか、作業の段取りを考えるかなど、睡眠を減らして頑張ることが必要になってくる。受注額が稼げない場合は調査に関わる直接費用の削減策を検討することになる。その一つが調査に関わる内勤のアルバイト、パートの費用である。

また、協力会社への発注額を減らすか、発注しないで自分でこなすことになる。

私の場合は、昭和五十六年に入社し、バブル崩壊まで約十年間、随意契約本数が多い時代を経験し、仕事の受注に困らず、平均受注額が八〇〇万円から一〇〇〇万円の業務をこなしていた。受託業務一本で五〇〇万円程度の利益があり、五本から六本の仕事量で何とか目標を達成できた。

その後、受託業務の受注本数が増加し、一人で十本程度の仕事をこなし、深夜タクシーで帰宅する日々が続いた。また、バブル崩壊の影響で調査費用の単価が下がり、一本当たりの利益率が低下した平成十年以降になると、限界利益率は大きく落ち込んだ。この頃は少ない利益を確保するために多忙な日々を過ごした。

最近は国が「働き方改革」の検討を進めているが、広告代理店のような企画・営業関連の業務を担当する部署では、製造業のラインで働いている人のように決まった時間に帰ることや、業務内容をマニュアル通りに処理することができない。

成果品という商品を自ら作り上げることが必要になるため、業務の仕様書に進むべき方向が示されていても、それをどのように実現、処理していくのかを日々考えなくてはならない。どのような情報を入手し、どのように加工し、最終的にどんな表現・結論とするのか。

何度も同じような業務を経験している場合は、頭の中に作業マニュアルが出来上がっていて要領よく処理できるが、経験が少ない業務の場合は、分析の仕方などを考えながら進めていくことになる。自分でわからない場合は、専門家に意見を聞いて、自分なりに消化して処理していくことが求められる。仕事の処理に行き詰まったときは他の人に問いかける、関連の書籍を探す、インターネットで検索しまくる等の行動が必要になり、時間はどんどんなくなっていく。

これが一つの仕事だけではなく五本から最大十本程度の業務で発生する。

これが調査研究関係のコンサルタントの日常生活である。

私が入社した頃は研究員手当というものがあり、残業代は出なかった。私より六年あとに入社した後輩の世代から残業手当が認められたが、私はその頃主任研究員となり、主任手当を受けていたので、残業手当の恩恵にあずかった期間がない。後輩の中には、残業代で生活費を少しでもうるおいのあるものにしようと残業していた者もいた。

また、日本人特有なのか、終身雇用制を前提とする雇用体系が悪いのか、横並びの発想で、誰々さんが頑張っているから、私も頑張ってみようという者もいたことは事実だ。さらに、働くことに生きがいを見出して、毎日残業を楽しんでいる研究員もいた。残業の理由は人様々であり、残業が苦にならない人は、自分を納得させるためにより良い成果を出したいと考えている人だろう。

残業しないで早く帰れ、という指示を出せば自宅でパソコンをたたかざるを得ない。

若者は何のために苦労しているのか、誰のために一生懸命働いているのか。残業は家族の生活を支え、恋人との新しい生活を夢見るための時間かもしれない。体調が良ければ必要に応じて自分の体と相談して、残業を楽しむのもいい。頑張ってこそ認めてもらえるのが会社員の世界。

これが終身雇用を前提とした日本企業の「習慣病」なのかもしれない。

調査研究業務は「残業」より「成果」

日本人の労働時間は世界でもトップクラスだった

日本の高度成長期は、私が生まれた昭和二十九（一九五四）年の十二月から高校を卒業した昭和四十八（一九七三）年の十一月までである。

昭和三十五年の国勢調査が始まった頃の総労働時間（残業時間を含む）は統計上二四二六時間であり、仮に日曜日の五十二日分を除いた日数で割ると、一日平均七・七五時間となる。その総労働時間は十五年後で高度成長期が終了した昭和五十年では二〇七七時間まで低下した。

その後は大きな変化はなく、平成元年では二〇七六時間であるが、この間は所定外労働時間が昭和五十年の一三〇時間から平成元年の一八八時間まで増加傾向にある。

見方を変えると、この頃から残業時間は明らかに一〇〇時間を超えていたことになる。総労働時間は大きな変化はなかったが残業時間（所定外労働時間）が増加していた。

その後、バブル期（一九八六〈昭和六十一〉年十二月から一九九一〈平成三〉年二月）を過ぎたあたりから、総労働時間は低下した。つまり平成五年頃からパート従業員の割合が増加することで、平成十年の総労働時間は一八七九時間まで低下している。短時間労働者の割合が増加したことで、全体は下がったが、パート労働者を除くと一九八五時間であり、週休二日制を導入している企業は九割を超えていたことから、週五日（祝日含めて二五〇日程度）で計算すると、一日平均は七・九四時間となり、なんとか週四〇時間に収まっている。

また、現在の労働基準法では週四〇時間、残業時間については一〇〇時間程度とされているが、景気の良い時は国民の多くが残業一〇〇時間を超えていた。

過去の日本人は国際的にみても働きすぎと言われていたが、そのことで国内産業は活況を呈していた。ここで、最近の日本人はどの程度働いているのかを見ると、二〇一八年の全就業者平均年間労働時間をみるとメキシコが二一四八時間でトップ、韓国が第三位の二〇一三時間、米国の一七八六時間、第十六位がイタリアの一七二三時間、そして日本は第二十二位一六八〇時間である。

かつてイタリアなどを旅行した時に、地中海地域の国々では暑い気候のために、あまり働かない人々が多いと現地のツアーガイドから聞いたことがある。当時はホテル従業員のサービスの悪さ、小売り業従業員のもてなし意識が低く、日本と大きく違っていたことを記憶している（「世界の労働時間国別ランキング・推移〈ＯＥＣＤ〉」より）。

国際的にみても日本人は韓国、米国より短い労働時間になっている。

この背景には、日本の多くの企業でＮＣ工作機械など、コンピュータを含めたオートメーション化が製造工場で進められ、長時間労働しなくてもよい環境になったことも一因と考えられる。

問題は私が働いていた非製造部門であり、所得が高いコンサルタントなどの職業は残業も多い。

私の父は兼業農家で体力のある限り働いていた

私の親父は多くの昔の人と同様に働き者だった。幼い頃から朝から晩まで働いていた姿を見ている。小学校の頃は農業専門で生活していたが、農家の仕事だけでは三人の子育ては難しく、中学校の頃から近くの工場にも働きに出ていた。つまり兼業農家としての生活を歩み始めた。

夜明けと同時に田畑に向かう。夏なら五時前に日の出時刻を迎えるから、約一〜二時間の農作業ができる。朝飯前の仕事を終えると、バイクで工場に働きに出る。

夏は帰宅後も明るいから、また田畑に向かい日没まで働いた。若い頃から力仕事をしていたので体力には自信があったようで、親父が寝込んでいる姿は大酒を飲む宴会の後以外は記憶にない。

宴会の時は一升瓶を一人で空けてしまうほど飲んでいた。そんな父の生活を見ていたので、兄弟ともに日本酒をコップで飲める体質になっていた。高校生の時、夏に冷蔵庫に入っていたカップ酒を一気飲みしたこと、大学の新入生歓迎会でどんぶりに注がれた日本酒を三杯飲んでも平気な顔をしていたことなど、若い頃は日本酒にも強かった。

父は日曜日にも田畑に向かい一生懸命に働き、夜は毎晩晩酌、日本酒を二合程度飲んで食事をとるのが日常だった。また、特に夏場には畑で栽培していた野菜を市場にバイクで運搬し、子供たちの小遣いの足しにしていた。

私はこんな親父の背中を見ていたこともあり中学時代はバレーボール部で暗くなるまで練習し、学校の宿題を終えてテレビを見る生活だったが、体力もあったので十二時頃まで勉強もしていた。

あの頃は自分も親父のように頑張らなくてはといつも思っていた。

入社年度はガムシャラに働いた

一九八一年に入社した。その頃は会社は「裁量労働制」であり、出社時刻、帰社時刻の記録もなかった。業務は企画営業から始まり、調査研究の実施、打ち合わせ、報告資料の作成、報告など一連の業務活動を一人の研究員が対応していた。入社当時の年間所得は一〇〇〇万円未満であったが、二〇一九（平成三十一）年四月の改正法施行により導入された「高度プロフェッショナル制度」と同様な扱いである。

そもそもコンサルタント業界にとって個人の労働時間の管理は、健康、子育て、ワーク・アンド・ライフ・バランスなどと関係するが、このようなことは上司からの命令が少ない就業環境にあるため、個人で管理すべきことで、会社が管理する必要性が低い。

裁量労働制は、残業時間が多くなるコンサルタント業界にとっては必要になるが、残業は毎日ではない。必要なときに残業すればよく、体が疲れていると感じれば、しばしの休憩を自由にとれるところが魅力だ。特に、建設コンサルタントは年中忙しい業界ではなく、四月から八月頃までは企画営業が中心であり、九月以降に調査の受託、調査の実施になることが多いため、体力を回復するには十分な環境が整っていた。すべての事務作業で裁量労働制を導入すべきとは言わないが、官公庁からの受託がほとんどのコンサルタントにはそれなりに良い労働環境である。

裁量労働制も働く環境によってはよい制度である。

ただし、一九九〇年頃からだったか、正確な記憶はないが、労働時間の記録が求められるようになり、出社時刻、帰社時刻の記録をするようになった。時間の管理が厳しくなったものの、労働時間に関係なく業務遂行が必要な分野であることから、残業をする生活は変わらなかった。

特に、入社一年目は、何とか仕事を早く覚えようと必死だった。仕事に必要な言葉・知識の習得も必要だったため、朝は九時に出社して、夜九時に退社・帰宅、その後一日おきに帰宅、最悪の時期には一週間に一度帰宅する生活も経験した。

入社後五年の頃は仕事が拡大し残業時間も多くなった

入社当時はガムシャラに働いた。自分にできることは大学時代に遊んだコンピュータで簡単な計算をすることだけで、仕事の実績も皆無だから、実績を積み上げようと頑張っていた。

集計用のコンピュータプログラム作成は会社にいる時間だけでは終了しない。そんな時は、夜九時頃に帰宅してからも自宅で眠くなるまでプログラムリストと格闘していた。あの頃はまだパソコンが普及していないので印刷したプログラムリストで変更箇所などを修正していた。

二年目には地方に転勤になり、大きなプロジェクトに組み込まれ、毎日最終電車で帰った。たまには、仕事仲間と飲み会、麻雀などで時間を潰したこともあったが、基本的には会社と自宅を往復する毎日だった。三年目には会社の理事との人間関係に失敗し、辞めようとも思い転職活動をしたこともあったが、とにかく一人前になるまで仕事を覚えようと必死だった。

建設コンサルタントの成長過程として、仕事ができるようになるまで約五年かかり、十年目くらいで一人で仕事ができるようになり、二十年目くらいで外部の組織の委員会などで提言ができると言われたことがあった。

十年目といえば大学をストレートで卒業して入社すれば三十二歳である。会社には主任研究員という資格制度があり、私も六年間程度の経験だったが、自分の分野を多少なりとも確立していたこと、自分の顧客を持ち売り上げにも貢献していたことから主任研究員として扱ってもらった。

この頃から仕事の受注にも余裕ができ、後輩の指導も任されていた。

同時に担当する業務本数は五本、六本と増えたことで、受注のための営業活動や打ち合わせで外出する時間も増え、事務所内での業務処理は夜中になることも多くなった。結局、残業時間は増えた。

最終電車で帰れた時はよい方で、バブル期には深夜のタクシーを利用して自宅まで帰宅することも多かった。当時は会社からタクシーチケットを業務で利用することも許可されていたので、深夜の二時、三時にタクシーで帰宅することも何度かあった。

こんな生活の中で、タクシーの運転手さんと深夜に牛丼屋に寄って帰宅することもあったが、帰宅時刻が遅くなることに対する抵抗はなかった。とにかく体力的には問題なかったので五時間弱の睡眠で頑張れた。

時には朝五時までコンピュータ関係の仕事をして、帰宅後六時から一時間半程度の仮眠をして、九時に会社に出社したこともある。当時は出社・退社時刻は比較的自由であったが、習慣的と言うか、顧客である官公庁の職員が仕事を始める九時頃までに出社するように心がけていた。

「悩む」より「考える」ことに切り替える

仕事がうまくいかない、共同でやっている他社の先輩から白い目で見られた。そんな時期にも出会ったことがある。理由は簡単だ。仕事に関する情報、特に政策などの知識が足りないからだ。入社三年目頃に経験する壁だ。多くの社会人は落ち込むだろう。こんな時は悩まずにどうしたらこの難局を乗り越えられるかを一生懸命に考え、一つ一つ行動に移すことだ。そうすれば多くのことが解決できる。関連する専門誌を読み、過去の調査報告書を読んで考え続けた。

私の場合は誰にも相談することなく、睡眠時間を削って頑張ることでなんとなく成し遂げられた。

結局は自分が前向きに、ポジティブに活動することでしか壁は越えられない。

その一年後に仕事も順調に進み、個人としての売り上げ・利益も出るようになった。

悩むという行為は何も考えないで、悪い方を向いていること。ここでくよくよしないで、リセットして考え続けることである。

よく言われることだが、できないと考えないで、できるにはどうしたらいいのかを考え続けることである。

残業時間より成果を気にしていた

長年仕事をして感じたことは、かけた時間より、どんな成果を顧客に提出できるのかが技術者として最も重要なことで、その中では残業したとか、徹夜したとかは問題ではないということである。常に新たなことにチャレンジし、時には最低限のマニュアル的な処理をしてもよい成果を提出できた時は喜びが大きい。建設コンサルタントもよい成果を上げるためには品質の確保に向けた、最新の計画に関する情報、最新で信頼できる分析手法、考え方の習得は不可欠である。

前例主義で業務を発注する官公庁の職員から常に求められたことは新しい実施例、新しい分析の考え方などである。何度も同じ仕事を受けていてもその解決手法は更新していくことが求められる。

良い成果は約束した期限ぎりぎりでは、顧客は喜ばない。過去に大前研一氏が記述していたことに、約束した日より一日でも早ければ、顧客は喜ぶ。これがコンサルタント会社、マッキンゼーとしての仕事の仕方だそうだ。一日でも早く提出することで信頼関係を築けて、新たな仕事の受注にもつながる。仕事はなるべく前倒しで仕上げ顧客に喜びを与えるべし。

今ならメールで打ち合わせ資料を発注者に送ることができる。私も会社勤めの頃は打ち合わせ資料を事前に送っていたことがある。そうすることにより、顧客が安心するだけでなく、顧客が打ち合わせ前に報告資料に目を通すこともできる。

また、顧客の信頼は打ち合わせの仕方でも得られる。「エレベーターピッチ」（短い時間で要点を絞ったプレゼンをして相手を説得すること）の考え方でプレゼン、打ち合わせをすることも有効だろう。まず結論、次にその根拠、さらに事例を説明する。

顧客と打ち合わせする場合、Ａ４判一枚のメモを準備し、報告資料とともに提示していた。特に、調査結果の報告資料が厚くなった場合などは、資料の目的、要点、今後の進め方を端的に記述したものが有効になる。最初にメモをもとに顧客の頭の中にわかりやすいストーリーを植え込み、厚めの報告資料の説明をする。一枚メモは会社の幹部会の話し合いの時にも活用していた。入社時のオリエンテーションでも、初代社長から「三分以内で発表しよう」という話があった。トヨタでも資源節約と端的な説明のために一枚メモを活用していると聞いたことがある。端的に相手に伝える努力は重要なことだ。

よりよい成果の追求と残業問題

社会人として必要な能力は問題解決能力

企画・事務・技術など情報を扱う分野では、どんな企業でも大なり小なり遂行上の問題が発生する。この問題は、知識の質・量を増やすことによって解決の道も開ける。

技術者の場合でも業務の成果を明確に、具体化していくことが必要である。どんな情報が必要になっているのか、その情報はどんな人、どんな文書・書籍を見ればアクセスできるのか。技術文書の場合もあれば、大学の先生なども対象になる。こんなことを調べるためにコンピュータによる検索が利用できるようになった今日では比較的簡単なことであるが、それ以前は先輩に聞くことや学術文書にあたる他に手はなかった。

私は、ある都市の将来人口をコーホート要因法で推計してほしいという要求を受けた。それまでは、システムダイナミックスの考え方を使って、ゼロ歳から八十五歳までの一歳ピッチの人口を年齢別の生存率、転出入の推移データから回帰式を使って推計したことがあった。

そのため、推計のイメージはあったが、コーホート要因法によって推計したことはなかった。

そこで、当時の厚生省人口問題研究所（現在は国立社会保障・人口問題研究所）の研究報告書で関連する資料を読んで、推計のフローを作成した。そのフローの確からしさを確実にするために、霞が関の人口問題研究所にアポを取り、日本全国、都道府県別人口を推計している担当者を訪問した。そこで、三十分程度の時間を頂いて持参した推計フローを確認した。また、人口の変動要因や国全体、都道府県別人口の推計の考え方、都道府県別人口の推計精度が国全体よりも低下する理由についてもお話をして頂いた。都道府県別人口は国で推計した値を固定して、都道府県別の人口を揺さぶっているだけの値だから、当然予測の信頼性も低下することになる。

その後、ＢＡＳＩＣというプログラム言語で計算プロセスを作成して推計した。あの時も、出生率のケースを設定して最大、中間、最小別の人口（夜間人口または常住人口、昼間人口）を推計し、顧客に連絡した。ここで言う、問題解決能力とは、必要な目標を設定した後にどんな行動によって目的とすることを成すかということである。問題解決に必要なことは目標をなるべく詳しく設定することで、必要な情報、必要な分析方法を明らかにすることである。

「意志のあるところに道あり」（Where there is a will, there is a way.）

この言葉は奴隷解放宣言、「人民の、人民による、人民のための政治」という演説でも有名なアメリカ合衆国第十六代大統領リンカーン（一八六一～一八六五年）の名言である。問題を解決する一つの方法は、問題の内容を詳細にして、その背景を探り、成果目標を定め、具体的にどんな行動をとるのかなど、意志をはっきりさせることだろう。

蛇足ついでに、一九二一年にノーベル賞を受賞した物理学者アインシュタインが翌一九二二年に来日して東京の帝国ホテルに滞在した際、メッセージを届けに来た日本人の配達人にチップ代わりに渡した二枚の手書きメモの一枚に「静かで節度のある生活は、絶え間ない不安に襲われながら成功を追い求めるよりも多くの喜びをもたらしてくれる」とあり、もう一枚のメモに「意志のあるところに道あり」と書かれていたとのこと。アインシュタインは配達人に「あなたが幸運なら、これらの紙は通常のチップよりずっと価値があるものになるだろう」と語ったという。

後に二枚のメモは一五六万ドル（約一・七億円）と二四万ドルで落札されたとのこと（「産経ニュース」二〇一七年十月二十五日〈共同通信配信〉より）。

コンサルタントはなぜ残業が多くなる？

顧客のニーズを満たすことが第一であり、そのための努力が下請け稼業であるコンサルタント側に要求される。

例えば、ある数理モデルに沿って現況の交通手段別の分担量・率を再現する場合、誤差率という指標を使って現況再現の精度を確認する。この場合、再現精度を高めるためには、若干の試行錯誤が必要となる。つまり、精度向上のためには何をすればいいのかを考え、設定条件を少しずつ変更して、何度も計算して再現する。こんなことを繰り返していると深夜になることも多い。

時には、日の出を見ることもある。

私は入社一年目に時間価値（円／分）の分布を推計した。利用した交通手段別に必要になる料金と実際にかかった所要時間との関係を犠牲量モデルの考え方と、東京都市圏パーソントリップ調査データをもとに推計した。

犠牲量モデルとはS＝C＋T・mで表され、S：総費用、C：料金（費用）、T：所要時間、m：時間価値であり、所要時間を金額に換算して、総費用という概念で表す。

あの時は推計された時間価値の分布をプロット図として描き、交通手段別の分担率を推計し、現況分担率との乖離を少なくしようと、利用料金の刻みを細かく変化させて何度も計算した。交通手段別の合計分担率を五％以内にするまで、何度も計算した。分担率が五％未満のバス分担率の調整作業に、他の業務と並行作業していたこともあり約一カ月かかった。作業途中でどうしたらいいのかを含めて、作業のプロならば数日で解決したかもしれないが、初めてでコツがわからない作業のために何日も深夜まで作業を繰り返した。結果は正規分布（左右対称の分布型）ではなく、金額が大きい方に、すそ野が長いワイブル分布であった。また、移動平均法（ある点の前後を含めた三点を使って曲線を滑らかにする考え方）を適用し、凸凹が少ない、滑らかで見やすい分布型に加工する時間も必要になっていた。

一般的に、作業担当者の性格もあり、どんなことでも真剣に取り組むと同時により良い成果にしようと努力する人はやはり残業になる。三十代前半の頃、必要に迫られ計算プログラムを作成することが多く、集計プログラムやシミュレーションタイプのプログラム作りで深夜になったことは何度もある。こんな時は、自宅の妻に「今日は帰れない」と電話した。

単なる計算部分のプログラム作成だけでなく、出力フォーマットに凝りだすこともあった。

東京で単身赴任していた頃、私の部には朝まで頑張っている研究員がいた。毎日朝まで仕事をして始発の電車で帰宅していた、または深夜タクシーを使って一回に一〜二万円程度を平気で浪費していた姿を見て、生活パターンを変えるように助言したが大きな変化はなかった。どうも静かな環境でないと仕事ができなくなっていた。

昼間は五〜六本など複数の業務を担当していることから、顧客からの電話や他の職員の話し声が聞こえるため、集中力が低下する。確かに静かな環境で仕事をしたいが、集中力を鍛えれば対処できる。昔（中学・高校時代）はテレビを見ながら勉強していた私にはわからないことだった。

よりよい成果品にしたいという思いの他に、日本の終身雇用を前提とした雇用環境の中で、社内での期待に応えたいという欲求も働くことで、自分を無理な環境に引きずり込むこともある。

これも単なる性格がなせる業だが、技術者の一人として、こだわりたいことでもあり、その結果として残業をしてしまう。

定型パターンの業務でない調査研究業務では、自分の考え方次第で残業生活になる。

残業を避けるためにはどうする？

自分で方法を見つけることや、業務でのキーポイント、目標設定などは、若い時はみんなができることではない。こんな時は上司・先輩職員に相談して、自分がどんな行動をすれば楽になるのか、指導してもらうことも可能だが、私の場合は身近に相談相手がいなかった。

また、自分の生活時間を設定し、就業時間内の集中力を高める努力も基本的に必要である。いくつかの業務を経験すれば、自分の成功体験から、業務の進め方は明確になる。どんな仕事でもいくつかの経験が必要であり、ノウハウを会得するまでは頑張りが必要なことは言うまでもない。

新人が立派に業務をこなすためには、大いなる努力が必要である。

残業を避ける手っ取り早い方法は何があろうとも定時に帰宅する習慣をつけることである。

その結果として就業時間内の集中力が高まり、仕事もはかどる人もいる。

部下の室長の中には自分がやるべき仕事を室員に押し付けて、自分だけ楽な生活をしていた者もいたが、あの落第生の生活をしていると自分が一人になった時に何もできないという状況に陥る。

人それぞれの考え方はあるが、自分で経験した中から良い方法を見つけることが大事である。どうしても残業することを我慢できないなら、通勤が必要ない企業に転職するか、企業側に通勤方法の選択をお願いすることが必要だ。昔勤務していた会社には、自宅で仕事をしていて、後日勤務の時間を記入する社員もいた。それなりに自由な会社だった。

事務系の業務をこなす企業なら、フレックスタイム制を導入している企業は多く、今の時代多くの企業が【ＳＯＨＯ】〔small office/home office〕を採用している。自分の健康管理を気にするなら、「残業」が気になるなら、勤務形態を変更して楽しく働こう。

残業に疲れたらどうする？

過労が続くようなら、生き方を変えることもひとつの解決策である。自分の適性が今の分野にあっているのかと思うのなら、無理して仕事を続けなくてもいい。転職も考えてみる必要がある。

私は三十数年間、何とか業務をこなすことができた方だが、途中で辞めていく職員も多い。

私自身も一九八〇年代（三年目頃）に転職活動として数社の分野が異なる会社を訪問したことがある。高校時代に製図を勉強していたことから製図を含む住宅関係の設計会社へ、バブル景気で儲かるだろうと思い不動産屋へ、そして地方銀行の調査部門など、時間を見て訪問し面接をした。どの会社も総合研究所勤務であったこと、私の学歴からも受け入れることができると言われていたが、身内からもう少し我慢してみたらどうかという意見があったことで、転職することはなかった。

平成十年頃は新人がよく辞めていった。退職率が非常に高かった。

問題の一つは、会社側にある。就職一次試験、面接の段階で新人の適性・能力を見抜けないことである。東大、京大など良い大学を卒業していても、学業は覚えるだけでよいが、社会人になると多くの情報を駆使して問題解決を図っていくことが求められる。ある時には、ひらめきやアイディアが必要であり、この点の努力を続けないとコンサルタントとしての生活は続けられない。

過労のためや将来が見えなくなって自殺するケースもあるが、これを防ぐためには、行き詰まった時どんな対処法があるのか、「生き方」を教え込むことも必要なのかも知れない。

会社のオリエンテーションの場がいいのか、高校・大学などどの教育の場で教えるべきなのかは別として、どこかで考える機会を与える必要がある。

情報量が多くなり、業務内容が高度化している現代では「石の上にも三年」だけでは生きていけない。また、我慢強く辛抱すれば必ず成功するとも限らない。道を間違えたと感じたら引き返すこと、立ち止まって新たな目標、新たな世界に向かうことも、今の若い方々にはお勧めしたい。

ただし、最近のＣＭでも「転職は慎重に」と訴えている。安易に転職を考えない方がよい理由は新たな職場で新たな苦労が待っている、現代ではその先の保証もないこともあるから。

いろいろな考え方があるが、残業に疲れたら、まずは「寝て」体力を回復させることでしょう。

その後で、自分が欲しいものが何なのか、もう一度考えてみる。生涯の収入なのか、自分で満足できる仕事なのか、女性が憧れる職業に就くことなのか、知り合い・先輩にも相談する時間を作って「生き方」を考えてみること。もちろん、すぐに答えは出ない。我慢しているうちにその答えが見つかることもあるから、ゆっくり考えたらいい。

第四章

ＡＩを活用して競争力を高める

技術革新は労働環境を大幅に変えた

技術革新は労働者数に変化をもたらした

一七六〇年代の蒸気機関の発明（第一次産業革命）や約百年後の内燃機関・電気モーターの登場（第二次産業革命）では、大きな労働環境の変化をもたらした。さらに一九九五年からはパソコンにマイクロソフトのWindows95が登場した。これにより、インターネットが身近なものになり、労働環境の劇的な変化とともに、業務の効率化をもたらした。

そして、現在はAIの登場によって、ゲームなどで人間が機械に負ける、今まで人間が担当してきた簡単な作業の職場が少しずつ機械に奪われている。スーパーのレジ係、企業の受付係、その他多くの作業現場、そして、自動運転車に関する国の制度が変わればバス・タクシーなどの運転手も消えていく。企業が立て直しのために従業員を百人単位で解雇する例はアメリカの大企業などでは珍しくもないが、人間と機械が入れ替わっているわけではない。日本でも過去に日産自動車でカルロス・ゴーン氏が社長として立て直しのために大量に解雇した。従業員が必要でも解雇せざるを得ない状況とは異なり、完全に従業員がいなくてもいい。当時は日産の立て直しのために二万一〇〇〇人の解雇と主力工場の閉鎖や下請け企業の製品単価の削減を行い、「リバイバルプラン」が日産にとっての「サバイバルプラン」と言われ、産業界での一大事だった。

今後、AI搭載ロボットが人間に代わって働く時代が来る。製造部門だけでなく、サービス産業の多くの職種で失業者が発生するとの記事も多くなってきた。

NC工作機械の登場で工場労働者数は削減された

日本の製造現場では早くから流れ作業の現場に機械が導入され、労働者の多くが削減されてきた。

NC工作機械はあらかじめセットされた作業工程をコンピュータプログラムの指示通りにこなすことで、コンピュータを管理または修理する労働者以外は必要なくなる。

日本の企業の中で現在世界首位のファナック㈱は数値制御装置だけでなく、産業用ロボットの開発により、現在のところ順調な経営を維持している。

その他にも、マシニングセンター、NC旋盤、特殊加工機など十数社の国内企業が工場内の製造関連の改善を担っており、新たなシステムを導入した企業では従業員の配置転換や解雇などが行われている。今でも機械化のスピードは衰えず、人間の作業環境・雇用環境はどんどん変化し続けている。

分析のためのシステム作成はコンピュータの得意分野

コンピュータプログラムは指示通りの計算・判断フローのもとにデータ集計・分析に大いに役立っている。私の若い頃は現在のような計算・分析ソフトが少なく、自前でプログラムを組み、業務に必要な道具作りをしていた。最も簡単な集計プログラムはデータセットを読み込むところから始まり、いくつかの判断文でデータを区分し、数式で変換し、出力用配列にカウントする。最終的には配列に数字が加算され、表の縦方向、横方向のマトリクスデータとして、構成比とともに出力される。また、データの使用目的に応じて様々なグラフが作成される。データを読み込むＲＥＡＤ文、読み込んだデータの目的に応じた関数による数式変換、それらの値を区分してＣＯＵＮＴする文、そしてデータを出力するＦＯＲＭＡＴ文などから成り立っている。

こんな計算の手続きは簡単なものである。時には関数式で計算することや、将来の人口をもとに地下鉄やバスの利用者数を予測するモデル式により、十五年後、二十年後の乗降客数、その時の採算性、経済効果などの各種指標をはじき出す。こんな計算はコンピュータが最も得意とするプロセスでもある。指示通りの計算手順によってコンサルタントの成果品を生み出す作業はいずれ機械的に処理されることは誰でも想定できる。

ＡＩと人間の役割分担

ＡＩとは？

ＡＩ（人工知能）という言葉の前に、「知能」とは何か。

人工知能が人間と同じくらい賢いプログラムとすれば、人間と同じように、物事を理解し、これをもとに判断または予測して何をすればよいのかを導き出し、自分の意志で行動することができる。

知能の定義は多くみられるが、このように行動できることが「知能」と考えられる。

一方でコンピュータは自ら判断できるものではなく、人間が準備したプログラム通りに計算し、判断するだけであり、自ら物事を理解することはできない。これは物事を理解するために、様々な言葉などの定義を与える必要がある。当然のことながら現在のコンピュータに意志は存在しない。

このようなことを知能と解釈すれば、現段階では該当するプログラムがなく、汎用的な人工知能（人間と同じように理解・判断・行動できるもの）は存在しない。現在、人工知能と言われているものはセンサーなどから情報を取り、目的に合わせて制御するプログラムで作動するだけである。

そのために、本来の人工知能は「強いＡＩ」と言われ、現時点の単機能のプログラムは「弱いＡＩ」と言われている。

また、人工知能は数学（統計・確率）の産物と言われている。

例えば、Google検索やSiriなどの音声認識、文字検索には「自然言語処理」が利用されている。この自然言語処理というのは数学（確率など）を使って、コンピュータに理解させるためにいろいろなことをすること。例えば大量の文章や論文を読み込ませるために、ＩＢＭが開発したWatsonなどでは、「ルールベース」「機械学習」などにより、言葉を理解させている。

「ルールベース」の場合、幼児に「これは○○だよ」と教えてあげることと同じように、例えば「羽生」という文字に「さん」がついていたら人の名前だよ、というルールを与えて、その文字を定義する。

また、オンラインで通販を利用する場合、「Aを買った人はBも買う確率が高い」という傾向をもとに「Aを検索した人にBをお勧めする」というルールをあらかじめ設定しておく。これも「ルールベース」である。ルールベースでは人が登録、または設定する。

これに対して「機械学習」というのは、過去の取引データを解析して、「AとBを買った人」

と「AとCを買った人」の割合を比較して、割合の高い方をお勧めする。つまり、データの関係や規則性を過去のデータから分析し、その中に含まれているルールやパターンを見つけ出す考え方である。

結局、人工知能と言われるプログラムは統計値や確率をもとに作動している。

ディープラーニング

現在人工知能と言われているものは四つの段階でとらえることができる。

最も簡単なものは電化製品等にも使われている。いくつかのセンサーから得られた情報をもとに機械を制御するものであり、ルームエアコン等、決められたルールに従うもの。

次が単純な制御プログラムを複数組み合わせたものであり、いくつかの動きをする掃除ロボットやチャットボット（会話を自動的に行うプログラム）がある。

その次は、データをもとにルールや知識を自ら学習する「機械学習」という技術を取り入れた人工知能である。大量のデータ（ビッグデータ）をもとに成長し、高度な判断が行える将棋ソフト等がある。

そして最近開発されている「ディープラーニング」という技術を使って、データから「特徴」を見出して学習し、人間と同じように判断をするものがあげられる。犬や猫の識別にも使うことができる。今後とも、このディープラーニング技術を活用した人工知能が多く開発される。

これらのことは『人工知能　ディープラーニング編』（ニュートンプレス）に示されている。

ディープラーニングとは、十分なデータ量があれば、人間の力を借りずに機械が自動的にデータから特徴をピックアップするディープニューラルネットワークを用いた学習のことと定義されている。その主な用途と可能なことは次のとおりである。

○画像認識：ＡＩ関連書籍によく出てくるのは、猫を見分ける例である。また、中国で盛んに活用されている顔認証。その他自動運転に必要な車や人、自転車等を見分け、制御機能に役立てること。

○音声認識：スマホやＰＣでも利用できるSiriなど音声を認識させること。人間の音声による質問に答えて、関連の情報が載っているアドレスを紹介したり、音声の特徴から話している人を識別したりする。

○自然言語処理：人間が日常的に使う自然言語（話し言葉や書き言葉）をコンピュータに理解させること。銀行や企業のコールセンターに対する問い合わせへの対応（質問と回答の例から類推して答える）や文章の要約（「東ロボくん」が論文試験に対応して、関連するキーワードなどをもとにピックアップして一つの文章を構成する）などに活用する。
なお、「東ロボくん」とは日本の国立情報学研究所が中心となって行われているプロジェクト「ロボットは東大に入れるか」において研究・開発が進められている人工知能の名称である。

○異常検知：産業機器に取り付けられたセンサーなどの時系列データから異常かどうかを検知する。

これもコンピュータが学習することで、データが多くなればより精度の高い検知ができるようになる。

コンピュータに多くのデータを与えて、その特徴を自動的に抽出した後に、新たに与えられたデータを識別・分類できるようになる。

例えば認識する場合、学習用データセットをディープラーニングにより学習して学習済みのモデルを作成した後に、学習済みモデルに対して、いくつかの画像を与えて目的の画像かどうかを推論して初めて回答にたどり着く。この推論は、対象が画像なのか、音声なのか、自然言語処理なのかなどによって与えられるデータが異なり、学習用のモデルを作成する労力、時間は大変なものがある。例えば、Googleが最初に猫を認識させる研究では、一千万枚の画像を扱うためにニューロン同士のつながりの数が百億個という巨大なニューラルネットワーク（人間の脳は神経細胞・記憶細胞とそれらを連絡するシナプスにより構成されており、この脳の機能を機械で実現しようとするもの）を使い、一千台のコンピュータを三日間動かしたという。

今ではコンピュータの処理速度向上により、少し改善されているようだが大変な計算量だ。

ワイドラーニング

前述のディープラーニングは何を根拠に判断しているのかが見えない。

コンサルタントの業務では顧客に提案する場合になぜその提案をするのか、背景や根拠を明確にして説明することが求められる。例えばマーケティングの世界では、これまでCS（Customer Satisfaction：顧客満足）業務に関して個人の購買記録から購買頻度の高い商品や好みの分野の商品をダイレクトメールでお知らせする方法がとられている。また、PPM（プロダクト・ポートフォリオ・マネジメント）では企業戦略における経営資源の最適な分配を知るための分析フレームワークとして、「市場成長性」と「市場における自社のシェア」の二つの軸に、各事業の事業規模の大きさを示す円でプロットし、事業利益創出の難易度、追加投資の必要性を明らかにする。

これをもとに今後どんな事業を展開していくのか、その方針を明らかにする。

このように、データをもとに根拠を明確にする必要があるが、ディープラーニングでは根拠が明示されないため、ワイドラーニングという手法が提案されている。

富士通では「説明可能なＡＩ」の研究としてＡＩのブラックボックス問題に取り組んでいる。グラフ構造（何かと何かがつながっている様を表すネットワーク構造のこと）のデータを学習して推定因子を特定するディープテンソル、情報同士の関係性を示すナレッジグラフ、さらに判断の仕組みがわかる学習モデルを備えたワイドラーニングである。

例えば、ある商品を買うか、買わないかを判断するために、多変量解析の中ではいくつかの変数をもとに判別分析や数量化第Ⅱ類等を利用して、説明変数をもとにグルーピングを行い、消費者の特性をあぶりだす。

同様な考え方として、ワイドラーニングで、例えば購買の有無について数多くの個人属性データ（性別、免許の有無、結婚の有無等）の組み合わせごとの購入割合を算出する。コンピュータなら、百万通りの組み合わせでも瞬時に回答を出すことができる。この計算のアルゴリズムを富士通が開発している。ワイドラーニングでは、すべての組み合わせについて仮説を検証できるので、ディープラーニングが導き出した結果を説明できる。

このワイドラーニングはマーケティング施策の提案だけでなく、モノづくりにおいて不良品を減らす機械の制御方針の提案や、個人の生活習慣について健康を維持するための食事や運動に関する提案等にも活用できる（「ＡＩに必要とされる透明性と説明可能性」"FUJITSU JOURNAL"木村知史〔日経ＢＰ総合研究所〕二〇一九年八月二十八日、九月十三日を参考にしました)。

AIは「読解力」が苦手?

AIの苦手なことは「読解力」とのこと。(新井紀子氏の著書『AI vs. 教科書が読めない子どもたち』より)読解力をつけるためには文字・漢字の読み書き、言葉の意味を知っているだけでなく、確率以外の推論なども必要になる。AIは統計、確率手法に基づいて推論できるが、文章全体の意味を理解していない。人間なら、言葉の意味を理解していれば自分で本を読み理解できる。そのことで子供でも学校の教科書の予習ができ、自分で学校の授業のペースよりも先の部分を勉強できる。

私の小学生時代には、特に高学年になった頃から、国語辞典や百科事典で言葉の意味を調べ、言葉、漢字、ことわざなどを覚えた。そのことで、中学三年生の時の国語の時間の豆テストではほとんど満点を取ることができた。あの時の国語の先生は体格のいい女性だったが、今考えてみると読解力の基本的な手助けをしてくれていたのかもしれない。

数学者の藤原正彦さんは学校教育に何が必要かと尋ねられて「一に国語、二に国語、三、四がなくて、五に算数」と言ったそうだ。これに対して新井さんは「一に読解力、二に読解力、三、四が遊びで、五に算数」と言っている。

ＡＩに勝つためには読解力が必要であり、これが小さい頃に身についた子供は自分で勉強できることから高校、大学の試験にも強い。有名な高校から有名な大学、国立大学に入学できる子は、高校の先生の指導だけではなく、その高校に入学した頃からすでに読解力がついていたからと新井さんは説明している。読解力があれば、速読できる。社会人になると速読の能力も必要になる。

日本速脳速読協会（速読のトレーニングを勧めている団体）のＨＰでは、速読に必要なことは「全体把握力」「思考力」「理解力」「記憶力」「検索力」とのこと。それぞれの能力に対するトレーニングの他、眼力トレーニングを行い、読書速度計測も実施することで、速読する力を確認している。

二年間のトレーニングで十倍の速さで速読できるようになるそうだ。

ＡＩは「記憶力」「検索力」は優れていても「全体把握力」「思考力」「理解力」は人間の方が上だろう。人間でも学業成績のいい子は少なくとも「記憶力」がいい。全体を把握することや思考力は勉強を続けることによってアップしていく。

「人間いくつになっても勉強だ」と亡くなった私の父も言っていた。ＡＩに負けないためには、言葉の意味、ことわざ、最近登場した言葉なども常に理解できるようにしておく必要がある。

今後、ＡＩを業務に活用することで効率化が図られる。ＡＩが不得意なことは今後どんどん変化していくだろうが、それを人間がカバーしていくことが必要なのだから。

AIに大学入試センターの問題を解かせるための工夫

前述の新井紀子さんの著書にも出ているが、「ロボットは東大に入れるか」（二〇二一年までに東大入試の突破を目標にしている）というコンピュータプログラムによる挑戦プロジェクトがある。このプロジェクトは、ロボットが東大の入試問題を解くのではなく、コンピュータにセンター入試問題を解かせるためにはどんなことが必要なのか、プログラムをどのように組んだら問題が解けるのかを試みている。このプロジェクトのディレクターを担当したのは新井紀子さんである。入試問題を解くために、国語は名古屋大学、数学は富士通研究所、物理は国立情報学研究所、英語はNTTコミュニケーション科学基礎研究所、そして世界史は日本ユニシス総合技術研究所の専門家らが担当した。

国語や英語などは統計的な処理をもとに問題を解いていく。つまり、問題文の中に出てくる単語や文章の類似性などをもとに回答を予測する。

世界史ではクイズ形式でコンピュータが持っている情報も含めて問題を解く、独特なプログラムを作成している。

このようなクイズ形式でプログラムを組み立てるという発想も人間ならではのことだ。

また、物理の問題「動いている列車内で垂直に打ち上げられたボールは、電車の外にいる人にどう見えるのか」という問題では、問題文の中に人間から見たら常識的な知識としての「重力」が記述されていないことから、コンピュータは「無重力空間」として捉える。正しい答えを導くためにはプログラムの中に「重力がある」ことも追加する必要が出てくるとのこと。

数学の問題は比較的解きやすく、各教科の中で偏差値が最も高い。

数学の問題で人間が逐一指示を出してもいいという条件なら、数学の入試問題はほとんど解けるとのこと。数学では問題文、言語解析・意味合成、形式表現、論理式の書き換え、ソルバー入力、数式処理、回答というプロセスになり、これをプログラム化する。

この中で、「ソルバー」とはエクセルをはじめとする表計算ソフトの機能の一種で、複数の変数を含む数式において、目標とする値を得るための、最適な変数の値を求めることができる機能のこと。

このプロジェクトは、人間がやっていることについてどんなデータを用意して、どんな手順を示せば機械的に解けるのかを探るためのプロジェクトであり、これから人間とロボットが共存共栄していく社会を作り上げるためにも必要なデータになっていくと新井さんはコメントしている。

ＡＩ導入による就業環境の変化

最近活用されている弱いＡＩの例

ここで、最近身近になった人工知能の例を拾ってみる。皆さんも経験済みのことが多いだろう。

◆Siri（Speech Interpretation and Recognition Interface の略）

現代人の多くがスマホやパソコンを利用するようになって、多くの人がSiriのお世話になっている。スマホの画面に「ご用件は何でしょう?」と表示され、「話しかけてください。聞き取っています」と出てくる。Siriは質問すると教えてくれる便利な辞典のようなものだ。

音声を認識し、質問者のほしい言葉に沿って情報を検索して、その情報を文字情報・アドレス情報などで教えてくれる。また、「○○さんに電話」と言えば、「○○さんのことですか」と返答し、「はい」と言えば、「○○さんに電話をかけています」と答えてくれ、スマホの中にあるリストから連絡先に電話する。利用者がスマホ内にある電話のリストを検索して、「○○さん」を選択して発信する必要がない。

Siriは居酒屋、寿司屋で活用されているタッチ式パネルやコールセンターでも活用が期待される。寿司屋さんなどではいろいろなネタを選択できるが、押し間違いや画面の選択が面倒だ。

また、コールセンターの場合「○○については1番、▽▽については2番、……」と時間がかかる。Siriの音声認識機能を利用すれば、焼肉店でも「ビール二つ、ロース二つ」と言えば済むし、利用者も注文の手間が省けて快適な食事時間を過ごせる。

今後、タッチパネルもSiriに入れ替わることになるだろう。

◆Google Home

同様な欲求を満たしてくれるのが、GoogleのスマートスピーカーGoogle（人工知能版はＡＩスピーカー）のGoogle Homeである。Google Homeのホームページには「"OK Google"と話しかけると、Googleで調べ物ができたり、音楽を再生したりすることができる。

ただし、現段階では、「おいしいステーキ店」、「不味いステーキ店」と言っても、おいしい、不味いの区分ができないことから、ステーキ店に関する情報が表示されるだけのようだ。

Google Homeの機能

●音楽・ラジオ・ニュース・天気予報を聴く

●テレビ・スピーカーなどの家電操作ができる

- ●検索機能
- ●タイマー・アラーム機能
- ●スケジュール作成
- ●業務リストの作成
- ●スマホ探知機能
- ●暗記機能
- ●対話型ゲーム

なお、Google Homeはあくまで Wi-Fi接続の受信機として使用するものなので、インターネットはできない。

ちなみに、“Hey Siri”や“OK Google”などの音声検索は、セマンティック検索（意味的な検索）と呼ばれ、AIが言葉の意味を理解して、本当に必要な情報を選んで提供してくれる。最もよく利用されているキーワード検索は、言葉が含まれているものなら何でも表示されるが、セマンティック検索では本当に必要とされる情報だけを答えてくれるという違いがある。

なお、検索可能なのはテキスト文書であり、画像の検索は難しいようだ。

◆あなたにおすすめ

Googleが開発した画像認識機能はGoogle検索やYouTubeのフィルタリングに利用されている。

皆さんがYouTubeの動画を見ると、その履歴から同様な画像を提供している動画をリコメンド（推薦）してくれる。私の場合はパソコンで「韓流」の時代劇や現代ドラマを見ることがあり、それをもとにお勧め動画が表示される。「視聴履歴」の下に「あなたにおすすめ」と出てくる。

同様にAmazonでもフィルタリング機能を活用して、「閲覧履歴」をもとにした「最近閲覧した商品とおすすめ商品」という表示が出てくる。Amazonの場合、これを「レコメンド・システム」と言って、自分と同じような買い物をしている他のユーザーが買った商品をお勧めする。

さらに、通信販売の製品を検索していると、その製品と類似の製品の画像が出てくる。例えば、スポーツウェアの検索としてSPALDINGの製品を検索してみたら、ほかのメーカーの製品も含めて、スポーツウェア製品が複数表示される。楽天が取り扱っている製品などの検索でも、同様に商品の画像・商品名が出てくる。いずれも画像認識機能から類似の商品などをお勧めしている。

◆自動運転車両

自動運転車両としてバス、貨物車、乗用車などがあげられ、バスはバス停に五センチで横付けでき、乗降しやすい乗り物になる。貨物車は隊列走行などが重要であり、主に各種センサーや前後車両の位置・速度情報などのやり取りが重要になっている。ＡＩとしての特徴的な機能面は薄い。

これに対して、乗用車などでは、安全性の確保の面からも車両の三次元の位置情報の他、レーザーを活用して道路標識や交通信号、電柱、ガードレール等の障害物、自動車や歩行者、自転車等を区別するとともにその移動方向なども認識することが必要になる。

ディープラーニングにより、歩行者や自動車、トラック・バス、二輪車のパターン等を学習させることで、より正確な障害物の種類の判別・識別が可能となる。

自動運転システムは人間の認知機能、判別機能、操縦機能を代替するものだから、正確な識別が求められ、これにディープラーニングが役立っている。

現在の自動運転は四つのレベルとして捉えられている。

レベル１：加速・操舵・制動のいずれかの操作をシステムが行う（単独型）。

レベル２：加速・操舵・制動のうち、複数の操作を一度にシステムが行う（システムの複合化）。

レベル3：加速・操舵・制動をすべてシステムが行い、システムが要請したときのみドライバーが対応する（システムの高度化）。
レベル4：加速・操舵・制動をすべてシステムが行い、ドライバーが全く関与しない（高度運転自動化）。現在の技術水準として、レベル4は試験走行段階であるが公道を走れるまでになっている。

また、国土交通省では高度運転自動化の段階の上にレベル5として（完全運転自動化）という段階を設定している。

自動運転車両が登場することで、家族での移動は疲れを知らないパパ（ママ）になり、貨物車両の自動化で物流業界の経営の効率化、運転手の残業・過労問題などが解決される。

また、高齢者の身体的機能低下を補い、安全なドライブを楽しめるようになる。

例えば、高齢者の身体的機能の低下の特徴として、反射神経・反応速度の低下に加え、脚力が低下する。そのためブレーキを瞬時に踏むことができず、交差点などで前の車に追突してしまう事故が発生する。さらに、視力低下とともに視界が狭まることで走行環境をうまく捉えられずに事故を起こすなど、身体的機能が低下することで交通事故を招くことは多い。最近の高速道路の逆行やブレーキとアクセルの踏み間違えなども社会問題になっている。このような高齢者の運転による事故は、自動車の各種センサーの働き、ＡＩを活用した安全な運転システムにより解消されていく。

しかし、全てがよい方向には進まず、タクシー車両やバス車両、さらに少し遠い未来では旅客機などの操縦にも人間は必要なくなり、運転手やパイロットの失業問題が発生する。自動運転に関する技術が交通分野に適用されることにより、運転手や操縦士としての職場がなくなる。将来確実に起こることとして、運転だけで生活している就業者は別の職業に転職しなければならない。

また、自動運転車両が普及すれば、交通事故の減少効果が大きいだけでなく、交通違反車両が減少する。その結果、「交通反則金」が大きく減少することになり、交通安全施設整備の予算にも影響する。ちなみに、平成二十五年度の交通安全対策特別交付金勘定の予算の歳入項目を見ると約八一六億円、前年の繰り越し金を差し引いた金額が「交通反則金の年間総額」となり、約七七〇億円となる。二〇一三年の警察庁ホームページでは、反則件数は七四四万件であり一件当たり約一万円の支払いとなる。私も三〜四回違反しており、高速道路四〇キロオーバーで免停になったこともある。あの時はゴルフの幹事をしていた時で、車列の先頭を走っていた。

トルコ旅行に行ったとき、トルコの自動車運転免許取得の実技試験が一〇〇メートルの直線距離を運転できればＯＫと聞いたことがある。また、トルコでは日本でいう白バイや覆面パトカーなどを見なかった。

日本では、自動車教習所でかなりの時間練習させられ、S字カーブやクランク、踏切、坂道の停止・発進、車庫入れなど数多くの運転技能を試される。つくづく、日本の白バイの存在を恨めしく思う。交通安全運転施設を使って高速走行、曲芸運転などで遊びにも見える訓練に多額の税金を使うだけでなく、不公平な「見せしめ」という取り締まりによって国民からお金を搾取しているようにも見える。過去の個人のブログには反則金の一部がキャリア組の接待にも使われているとのコメントも。本当なら警察組織の信用は「ガタ落ち」だろう。

自動運転車両が普及することで自動車教習所が必要なくなり、交通施設整備のための資金を何から工面するのか検討が必要になってくるだろう。

◆ペッパー（**Pepper**）

TVのCMなどで盛んに出てくるソフトバンクからリリースされたパーソナルロボットである。

このチャットロボットは人間の感情を認識するだけでなく、「感情生成エンジン」によって、ペッパー自身がモデル化された感情を持っている。これは疑似的な感情を生みだすエンジンと相手の感情を認識するエンジンに分かれていて、人間同士のような会話ができるとのこと。別の言い方をすると、悲しい時に励ましてくれたり、うれしい時に一緒に喜んでくれたりするとのこと（松尾豊氏の著書『人工知能は人間を超えるか』より）。

ペッパーは音声認識機能により質問者の言葉を理解し、自然言語処理機能により受け答えをする賢く、かわいいロボットとして仕上げられている。ペッパーは、身長一二一センチである。これは小学二年生の平均身長とほぼ同じであり、大きすぎると相手に威圧感を与え、小さすぎると〝家族〟のような感じがしない。このくらいのサイズがちょうど良いとのこと。重量は約二八キロである。この身長・体重は今後とも同じとは限らない。現在はいろいろなイベント会場での案内役を担ったり、ある建物で「わからないことは質問してください」などと話しかけてきたりしている。

数年前に名古屋市守山区にある「竜泉寺の湯」（大型銭湯）の入り口に設置してあるペッパーに何度か問いかけたことがある。また、友人が経営する施設の中にもペッパーが設置されており、ペッパーの感情的なメッセージが表示されていた。例えば、「誰かいる」「男性みたい」「音が聞こえた」「誰かが手を振っている」「人がいる（ゲスト３２５８２、いい感じ）」「大人っぽく見える」など。時々刻々、このようなメッセージが表示されるが、機械の中でどのように使われているのかよくわからない。

ペッパーは今後、老人施設などにも活用され、老人の話し相手として欠かせない存在になりそうだ。

◆画像解析

生体認証はバイオメトリック（biometric）認証あるいはバイオメトリクス（biometrics）認証とも呼ばれ、人間の身体的特徴（生体器官）や行動的特徴（癖）の情報を用いて行う個人認証の技術（プロセス）である。よく見かけるのは銀行のＡＴＭ利用時の手のひらや指による認証である。

富士通は「手のひらは血管の本数が多く、複雑な配置であることから、認証精度が高く偽造は困難。非接触なので衛生的」と説明している。

また、マンションの入り口や企業の特定の部署に入る時に必要な顔認証システムもある。最近のＣＭにも生体認証システムがあれば、カードやパスワードを忘れても手のひらでお金をおろせるという内容のものがあった。高齢化社会にはもってこいの技術でもある。これらをＡＩと呼ぶかどうかは意見が分かれるところだが、いずれも基礎的な画像認識技術を利用し、迅速に検索することで、弱いＡＩの仲間として捉えられている。画像認識機能は自動運転システムに使われ、乗用車、貨物車、歩行者、道路標識、交通標識などを識別し、その移動方向を予測できる。その予測結果をもとに、自動車の制御装置を動かし、安全な走行を確保する役割を果たしている。

なお、これらの識別機能の精度を高めるためには、ディープラーニングが必要とされている。

◆先読みＡＩ

テレビ東京『News モーニングサテライト』の「先読みＡＩ」で使われているＡＩは、「scorobo（スコロボ）for Fintech」というものである。

経済指標予測エンジンは株価、経済指標、財務諸表、その他の情報を読み込んで、経済指標を予測するものであり、テクノスデータサイエンス・エンジニアリング株式会社が開発した。

過去のデータと比較して予測できるものだったら、なんでもＡＩで予測できるのか。天気予報、競馬予想、手相占い、渋滞予測など、時系列データがあれば予測は可能なようだが、時系列データは「結果」だけであって、その時々の要因が入っていないから、一〇〇％的中することはなく、毎日眺めている株価予想も七割程度とみている。

日本の株式の六割程度を占めている海外の投資家が、どの企業にどれだけ投資したのか、投資家の理念、投資履歴などの情報を入力できれば予測精度が高まるのだろうか。入力データが準備できたとして、次はそれぞれの投資家の特性を把握するためのディープラーニングを行い、より精度の高い予測のためのパラメータを多数準備しなければならない。これも大変な労力である。ただし、そんな情報はどこから入手できるだろうか。予測精度を上げるための情報が不足していることが当たらない要因になっているのだろう。ここに、コンピュータによる予測の限界、情報入手の限界がある。

日経平均の高低に影響するのは前日までの株価の推移や為替であり、前日が大幅に安くなっていて円安になるなら今日の株価は上がり、その逆なら下がるという傾向だけでも勝負できる。前日が大幅に上がれば利食いも発生する。ウイルス感染が発生すれば製薬会社やマスク等の製造・卸を行う企業の株価は上がる。北朝鮮がミサイルを飛ばしそうな時期には、防衛関連企業の株価は上がる。この程度の知識でもデイトレード（一日で取引を完了させる短期取引のこと）はできる。

ＡＩに頼らなくとも株価や為替の傾向だけでうまく稼げる場合があることは言うまでもない。

◆ＩｏＴ（Internet of Things）

世の中の様々な「モノ」がインターネットに接続することによって情報が取得できたり、制御できたりする仕組みのこと。

ＩｏＴとは本来データを収集するものであり、ＡＩはデータを分析して活用するものである。この二つを活用することで、離れた場所にある物の状態を知り、操作ができるようになる。

ＩｏＴでは複数の通信方式が連携しながらインターネット網を通じて通信する。

遠くに住んでいる家族・老人の健康状態を家電製品の使用状況を通じて確認することは、よくテレビなどでも紹介されている。

物流の世界では、人手不足やトラック不足の他、国内・国外にも展開しているサプライチェーンの効率化に向けてＩｏＴが活用されている。

医療の世界では患者の生体情報をインターネット経由でモニタリングして、治療にあたることができ、遠隔操作の機器が使えるなら、手術なども可能になる。

また、農業の世界では水分量や温湿度をモニタリングして、水分が足りないときは自動的に散水することも可能になる。

ＩｏＴは様々な分野での活用が考えられるものの、現在は技術者不足の状況にあると言われており、今後の課題として技術者の育成も必要になる。

人間が有利な分野は「創造性、経営・管理、もてなし」

現在の機械はマニュアル的動作により、多くは単純作業を人間から奪い始めている。最近、スーパーのレジ係やスーパー、工場の掃除の機械化が進んでいる。これらはまだ、「機械」だ。人工知能は音声認識機能や画像認識機能、データマイニング（多くの情報から有用な関係性を見出す）、フィルタリング機能（パソコンや携帯電話から接続するインターネットのサイトや時間帯を制限するサービス。子どもに有害かどうかなどの観点からも規制する）などにより、活躍の場は多様であり、確実に仕事をこなす。

例えば、映画などの動画にアクセスしてあなたは十五歳以上かどうか（いいえ、はい）が表示され、十五歳以上なら動画がスタートし、十五歳未満なら閉じるのは、フィルタリング機能の一つ。

そのため、機械的な仕事や簡単な受け答えをする仕事、情報を検索する仕事などは人工知能・ロボットなどに置き換わってくる。

タクシーやバスの運転手が必要なくなるのであれば、「軌道」上を移動する電車の運転手は九割以上の確率で消えることは疑いのないことになる。

このような比較的単純な仕事またはパソコンが得意とする計算業務及び機械的な判断をもとにした仕事は消滅される確率が高い。

反対に、人間臭い仕事や創造を要する仕事、多くの情報から新たなことを生み出す仕事などは当面人工知能に置き換わることはないと言われている。

現在のところ、人間が労働市場から追い出される分野は少ない。

人工知能の分類に「弱いＡＩ」と「強いＡＩ」があり、「弱いＡＩ」は人間のような知能を持っていないが、多くの問題を解決できる。これに対して「強いＡＩ」の場合、人間のような知能を持っていて、問題を解くだけでなく行動計画を立案し、将来予測も行う。

ただし、この「強いＡＩ」は現在のところ開発されていない。

現在のＡＩはひとつの目的に向かって計算をすることにより目的を達成できるが、創造性、経営・管理、もてなし等は多くのこと、多彩な情報が必要なことから現在のＡＩにはできない。

現在のＡＩは基本的にひとつの仕事しかできない。

単純作業だけを分担する場合に利用可能で、二つのことを同時にできない。

今後、汎用性を発揮するコンピュータプログラムが組まれるだろうが、すぐには実現しないだろう。

二〇四〇年頃には多くの仕事がAIに替わる

人工知能とは人間と同じくらいの賢さを持っているコンピュータプログラムである。

人間の脳は神経細胞のニューロンとその情報を伝達するシナプスから成り立っており、他の人との会話や日常の行動ができる。ニューロンは記憶細胞であり、シナプスが連絡係を担っている。

人間の神経細胞はデジタル式コンピュータと同じように「ゼロと一の二進数」に近い電気的パルスによって情報のやり取りをしていることが明らかになったことで「脳の働きがコンピュータで再現できる」と考えられ、人工知能開発の動きが活発になった。

現在は人工知能普及前であるが、多くの産業分野で「サービス」として活用され始めている。

最近はチェス、囲碁、将棋などのゲームに対して人工知能が利用され、囲碁や将棋の名人と戦い、勝利したことがテレビのニュースや書籍・雑誌で報告されている。

コンピュータは一秒間に一〇〇万通り、またはそれ以上の手を想定し将棋の駒を動かす能力があるから、普通の人間はもとよりプロでも太刀打ちできない。二十九歳の名人といわれる棋士でもポナンザ（Ponanza）の貸し出しを受け、「百五十局以上対戦したが、ほとんど勝っていない」と明かし、今の棋士のレベルを超えていると言っている。Ponanzaとは、山本一成氏が開発したコンピュータ将棋ソフトウェアである。

現在の人工知能は特化型人工知能であり、特定分野の業務処理を支援する。

人工知能と言っても、現在の多くは一つ、二つの機能（音声認識機能、画像認識機能、自然言語解析、動画解析など）によって目的を達成するプログラムであり、人間のように多くの認識・解析機能を有している人工知能は開発されていない。ＩＢＭが開発したWatsonの中に病気を診断するタイプがあるが、これは医学に関する言葉を教え込み、何千という医学論文を記憶させたものであり、このタイプのプログラムでは将棋をすることはできない。

また、このWatsonは二〇一六年秋に韓国の仁川市の大学病院で初めて導入されている。韓国が開発したものではなく、韓国外のサーバーによるクラウドサービスであり、病院の医師はモニター画面上の「Ask Watson（ワトソンに尋ねる）」をクリックすることで利用できる。助言の対象となるのは乳がんや肺がんなど八種類のがんである。

医師がクリックすると詳細な治療や投薬の計画が表示され、医師は「これがあなたのベストな治療法です」と説明する。

Watsonは世界中の論文や治療データなどをもとに複数の治療法や投薬する薬の情報を導き

出し、最近の研究成果も迅速に検索できることがメリットであるが、「人種の差」による精度の不確実性も問題視されている。Watsonが勧める治療法を選択し患者に問題があった場合は医師の責任となる。

この使用料は年間一〇億～三〇億ウォン（日本円にして概算で一～三億円）とのこと。

このWatsonのデータとして、韓国内患者のものが多く含まれていれば韓国内の病院でも有効な情報になるが、実際どの程度の精度なのかわからない。しかし、地方の病院などでは重宝なデータベースとして活用されているとのこと。なお、韓国の利用事例は日本経済新聞社出版の『ＡＩ２０４５』より抜粋している。

前にも述べたが、コンピュータプログラムだけでは対応できないのは、想像力（クリエイティビティ）、接客力（ホスピタリティ）、管理力（マネジメント）など、判断・行動のために多くの情報を必要とする分野である。

その他の単純な情報で判断することはＡＩに奪われていくと考えられている。

シンギュラリティ？

強いＡＩがどんどん開発される頃には、人間の職場がどんどんなくなると言われている。

ただし、現段階では何人かの専門家、コンピュータの専門家は「シンギュラリティはありません」と言っている。

それは、人工知能と言っても、単なる人間による「プログラム」に過ぎないからだ。「東ロボくん」が大学入試問題を解くためにどんな苦労をしているのかでも分かってもらえるだろう。

また、AIはコンピュータプログラムの一種であり数字、統計、確率には強いがあくまでも定められた手順で処理するだけであり、現段階では、特異点を気にかける必要がないという人も多い。

これまで経済の世界ではコンドラチェフ（ロシアの経済学者）が提唱した「コンドラチェフの波」があり、画期的な技術革新によって五十年周期の経済サイクルが発生すると言われてきた。

人工知能の進展にはパソコンの進化が関係しており、一九九五年にWindows95が世の中に登場し、二〇一〇年の時期にスマホ・ビッグデータ・クラウドが登場し、一九九五年から五十年後に「特異点」（シンギュラリティ）が起こると予想する人もいる。

なぜ二〇四五年頃なのか。一つの説明としてコンピュータの性能（半導体の性能、たとえばCPUの性能）が十八カ月で二倍になっていくというムーアの法則（半導体業界の経験則であり、インテル創業者の一人であるゴードン・ムーアが一九六五年に論文で唱えた）に従えば二〇四五年頃になるとのこと。AIの専門家なら、この説明がわかるのかな？

AIソフト・ロボットが普及し、人間が働くことがなくなれば、所得がなくなるので、その時はベーシックインカムを国民全体に支給することが必要になると井上智洋氏の本『人工知能と経済の未来』で説いている。

現在のように日本国内の産業構造があり、世界の中でサプライチェーンが機能している状態を想定すれば、企業から税金を徴収し、それを国民一人ずつに毎月七万円など一定額を支給する。

今の世界でも、サウジアラビアなどが石油資源による利益を国民に分配するようなものだ。蛇足になるが、二〇一一年にトルコに行った。中部国際空港からトルコのイスタンブールに行った時、ドバイ経由だった。この時利用したのがエミレーツ航空であり、アラブ首長国連邦の航空会社である。その時、オイルマネーは医療・教育・福祉などを無償で得ることができると聞いた。また、調べてみるとサウジアラビアやアラブ首長国連邦等では、オイルマネーを使って自国民を公務員として採用していて、その給与は高い人で月額二〇〇万円になり、ヨットやクルーザーを持っている人もいるとのこと。つまり、オイルマネーを国民生活のために使っている。

仕事は機械に奪われていくが、その機械を道具として有効活用すれば、業務の効率化が図られ、国民も生活していけると考えることが明るい未来につながるようだ。

コンピュータが暴走することがあれば、電源をＯＦＦにすればいいというコメントもある。

ただし、人工知能を搭載した戦略兵器も作られるだろうから、あまり楽観的ではいられない。

ＡＩをどのような考えで開発するのか、その倫理指針について、人工知能学会資料には次のような指針がみられる。

人類への貢献：人類の平和、安全と公共の利益に貢献する
法規則の順守：法律や知財資産を尊重する
他者のプライバシーの尊重：個人情報を適切に取り扱う
公正性：開発にあたり差別をしないように留意する
安全性：常に安全性と制御可能性について留意する
誠実な振る舞い：社会に対して信頼されるよう振る舞う
社会に対する責任：人工知能への潜在的な危険性について警鐘を鳴らす
社会との対話と自己研鑽：人工知能の理解が深まるよう努める
人工知能への倫理順守の要請：人工知能も倫理指針を守らなければならない
（『ＡＩ２０４５』〈日本経済新聞社編〉より抜粋・参照）

高度に進化したロボットのイメージ

二〇一五年のＳＦ映画（アメリカ、メキシコ、南アフリカ共同制作）に『チャッピー』があ

る。

あるエンジニア（若い技術者）が人間の知性を模倣した新たな人工知能ソフトウェアを開発し、ロボットにインプットした。そのロボットは人間の子供のように様々な知識・情報を蓄積していく。コンピュータは一秒間に百万から億単位の情報処理ができるからものすごいスピードで成長し、自分の頭脳をヘルメットタイプの受信装置を使って解析する。ある時、自分の創造者が銃で撃たれ瀕死の状態になった時、そのヘルメットタイプの装置を創造主の頭にかぶせて創造者の意識を別のロボットに転送した。創造者は生き返り、また、自分の意識を別のロボットに転送し、二人で生き延びた。

人工知能をインプットされたロボットが自分で、創造主を助けたいという意志をもって必要なプログラミングを行う様はまさに人間の能力を超えた存在になったことを示している。シンギュラリティという言葉を説明するのに十分な映像である。あの映画を一度見れば、シンギュラリティによって何が起こるか想像できる。

ＳＦの世界をのぞいてみる。アメリカのハリウッド映画に出てくるロボットのほとんどはＡＩで動いていると考えたくなる。一九七七年にエピソードⅣから始まった『スター・ウォーズ』に登場する円筒形で滑るように移動できる「Ｒ２－Ｄ２」や金色の人型ロボットの「Ｃ－３ＰＯ」は脇役ながらかなり賢い行動で主役のアナキン（後のダース・ベイダー）などを助け、映画の中では重要な役割を果たしている。またエピソードⅦから登場する「ＢＢ－８」も丸くてコロコロしているが、同様にかわいいロボットだ。これらのロボットには人間的な雰囲気が感じられる。

ちなみに、「C－3PO」が「すり足」で歩き賢いロボットを演じている。また、「R2－D2」の中には身長一一二センチのイギリスの俳優が入っていて、うんざりする、嬉しそうなどの感情を表現するために左右に揺らす演出もしている。

人間の言葉を理解し、自分の情報をもとに判断し、行動する。まさに強いAIロボットに見える。

また、一九八五年に日本でも公開された『ターミネーター』。未来から送り込まれたシュワルツェネッガーが人間型ロボットとして主人公を守っていた。タイムマシンで過去に行けるかどうかは未知数だが、遠い将来に実現できそうなロボットだ。

さらに、二〇〇四年に映画化された『アイ，ロボット』では人間の生活の様々な局面で、ロボットが人間生活のサポート役として活躍していたが、ある日、ロボット全体が反乱を起こす。全てのロボットはマザーコンピュータにより制御されていたが、その制御機能が崩れた。見ていて恐ろしい映画だ。

現在言われているシンギュラリティの後に訪れるかもしれないロボットのイメージだ。

AIを搭載するロボットの製造、特にAI兵器については、二〇一四年からスイスのジュネーブで国際的なルール整備の必要性や倫理、技術管理、軍事的な効果等について議論されている。

二〇一九年三月には四回目の会議が開かれており、自ら標的を見つけて、自らの判断で攻撃する「自律型致死兵器システム」（LAWS：Lethal Autonomous Weapon Systems）について日本はAI兵器には人間の関与が欠かせないと主張していて、国際的なルールの必要性を求めている。

国際的な話し合いの中では「何かしらの人間の関与が必要」との共通認識でほぼ一致しているものの、米国や中国、ロシアはAI兵器の開発を競っている状態のため、国際的な取り決めがないままに、戦場に使われるのは時間の問題とみられている。

現在の核兵器の製造・使用の面で意見が一致しない状態と同じである。

シンクタンクも淘汰される

建設コンサルタントに限らず多くの分野の事務系コンサルタントは、多分野の情報を持ち、様々な分析・予測・評価を行う手法を道具として活用し、建設的なアイディア、提言・アドバイスを行っているが、その中に人工知能を活用できる要素がかなりある。

私の場合も様々な計算プログラムを作成し、集計・分析の道具や、将来予測（将来人口、目的別利用手段別交通量など）を行い、投資の経済効果などを試算して将来の対応策などを提案してきたが、この仕事は人工知能向きでもある。

一般的に目的が明確な情報処理や分析的な業務の多くが自動化の対象となるから私が行っていた情報処理を中心とする業務は確実にＡＩにとって代わられる。結構高度なことをしているようでもディープラーニングで進化したＡＩの登場によって、真っ先に消滅する業務分野と考えている。

シンギュラリティとは技術的特異点であり、人工知能（人工超知能、汎用人工知能、特化型人工知能）の発明が急激な技術の成長を引き起こし、人間文明に計り知れない変化をもたらすという仮説である。

現在は人間がプログラミングにより人工知能を作り出しているが、そのうち、人工知能が人工知能をつくり始めたらとてつもない変化をもたらす。

その年は西暦二〇四五年頃とされ、二〇五〇年を過ぎた時点では人間の職場がなくなるだけでなく、人類の生存もどうなるのかとも言われている。どんな事が起こるのかは想像もつかないが、悲観的に考えれば、ＳＦの世界でおなじみの『ターミネーター』の世界も在りうる。

なお、シンギュラリティという言葉は物理学に出てくる言葉で、ブラックホールの中にある特異な点のことであり、アインシュタインの一般相対性理論が成り立たなくなる点という説明もある。

ＡＩの研究が進み、業務の機械化が進めば、シンクタンクも淘汰される時代になる。

自社が他社よりも有利な情報の検索、分析・予測作業の効率化が必要となる。

そして、分析結果をもとに実現可能で経済的な施策を提案していくことが求められる。

また、現在の建設コンサルタントの生活を改善し、ワーク・アンド・ライフ・バランスを取り戻すための業務の効率化が不可欠になる。

そのためには、人間が実施するより機械の方が速く、また、より正確になる業務内容はどんなことか、日常の業務処理内容を振り返り、問題が何かを見つけて、効率化に向けた改善を図っていくことが必要である。

事務系建設コンサルタントのＡＩ活用

現在でも多くの分野でＡＩが活用されている

ＳＦの世界ほどではないものの、特定の分野の様々な情報を持って判断するＡＩは、将棋や囲碁の世界でも既に活躍している。さらに、スマホやＰＣの各種サービスにも活用されている。日経クロストレンドが編集した『ディープラーニング活用の教科書』には製造分野、建設現場、医療分野、自動運転車両、さらには商品開発分野等における活用の実例が紹介されている。ディープラーニングによって提供される道具はあくまで特定分野の作業の効率化によって、人間と機械が協働で業務をこなすものであり、現在の労働問題が一〇〇％解決されるものではない。

しかし、道具を使うことによって、仕事全体の作業時間の短縮が図れる。

ＡＩの機能を持った道具でも汎用性はなく、一つの目的作業を処理するものになるから、いくつかの道具を作成していくことが必要になる。入札情報の検索、データの記録、業務需要にあった分析手法の検索、データの分析、将来予測、様々な効果の予測、報告資料の作成、プレゼン資料の作成等、活用局面は多くなる。シンクタンク研究員にとっては補助的な作業員の代わりを担ってくれる頼もしい存在となり、業務の効率化に貢献する道具となる。

ディープラーニングによる予測精度向上

現在作成されている人工知能は情報をより多く与えることでどんどん賢くなっていく。人工知能を最初からプログラミングして育てることは大変だが、ある程度賢くなっているAIを業務に活用することはできる。AIはあくまで人間の業務のサポート役を担うべきもので、この役割の範囲で作成されるAIなら、コンサルタントの業務も楽になる。

事務系建設コンサルタントで必要なことは、情報を検索すること、行政の問題・課題に対する適切な方策を検索することである。もちろん、整理した情報を報告資料として作成し、印刷報告書とすることや、調査成果をPRするWebページの作成なども人工知能を活用して進めることができる。

また、建設コンサルタント業務に必要な基礎情報の収集・整理、新たな行政課題の抽出・解決策に関する企画書作成、現在実施している将来予測・評価、経済的影響などの分析・評価問題に活用することで、調査研究に要する時間は大幅に削減される。現在のように業務単価が低下し多くの業務をこなさなければいけない状況を克服できる。会社で利用するならクラウドA

Ｉ（学習済みのＡＩ、学習できるＡＩ）である。高度なＡＩを育てるためには、どんどん情報を与え続けることが必要だが、最初から育てようとするより、ＡＩの専門家に任せることも考える。

シンクタンクもＡＩの活用は必須

ＡＩを活用するなら、事務系建設コンサルタント自身が機械的に処理できる作業部分はＡＩに任せるという作業ステップを立てることが必要である。次に、人工知能を扱うスキル・知識を身に着けることがまず大事。また、並行して人工知能に代替できないスキル、人工知能にできない仕事を見つけること。

コンサルタントの仕事がなくなるとすれば、それは国や地方自治体の調査事業に担当課がＡＩを利用するようになった時である。第二次世界大戦前の公務員は建築製図などを自ら作成しており、現在のようなＣＡＤを利用しているコンサルタントの業務は発生していなかったと聞いたことがある。

これと同じように、自治体職員がＡＩを勉強して自らプログラミングをしないでもクラウドＡＩを活用して、行政で発生している対応課題を解決する段階になると事務的な数的処理中心のコンサルタントは必要なくなる。

今後、総合研究所系の企業はどんどんＡＩの勉強をして、自分の企業に必要な情報の入手・整理・提案活動のために活用していくことになる。

現在でも多くのコンサルタント系企業がＡＩの業務への活用を検討していることだろう。検討が必要になった背景のひとつは研究員補助としての人材の不足であり、効率化してよりよい成果報告書を提出することが目的である。そのためには、品質向上に向けた道具の準備が必要になる。

適切な道具を準備することで、より新しい情報、より正しい情報、より正確な将来予測、より実現可能性が高い政策提言、さらには研究員自身のワーク・アンド・ライフ・バランスが達成される。

こんな仕事をＡＩに任せたい

近未来の仕事環境

フレックスタイム制を採用して、コアタイム（社内にいる時間）は朝の十時から十五時とし、一日の仕事は十七時頃までに終了させたい。

研究職、事務職の一日の始まりは出勤後、電子メールの確認から始まる。次は、打ち合わせの予定の確認、資料提出日時の確認、新たなアポ取りの作業と続く。これらは現時点ではパソコン操作、電話で行っているが、音声のやり取りに変わればよりスムーズになる。キーボード入力から音声にすることで時間短縮が図られる。

次は資料の分析作業、膨大なデータの統計分析、データの傾向把握、将来予測値と様々な効果の把握、そして報告資料の文章作成が短時間に済ませられる。

まず、よく出てくるのが、将来の交通予測のための道路・交差点の交通量の実態。二十四時間すべてのデータが自動観測結果としてデータファイル化してある。車種別交通量だけではなく、歩行者の性・年齢ランク別の移動状況も把握できる。これらは画像処理機能のおかげだ。

次は、将来予測である。将来の道路の車種別交通量、鉄道・バスの乗車状況などを予測し、事業としての採算性評価も自動的に行う。もちろん、これらの作業の前に関係機関・団体との契約を済ませておく。この契約行為も電子処理だから速い。

将来の交通状況がわかれば、次はどんな政策が必要になるのか、最も効果的な政策・施策を瞬時に検索してくれる頼もしい道具が準備されている。その時点で最良と考えられる施策を含めて報告資料を作成し、顧客に送信する。必要があれば日時を設定して対面で報告する。

一日の中で新たな仕事を受注することも、電子処理だから、自分がやってみたい業務を複数ピックアップして入札処理担当に送り、後日の結果を待つ。

このように仕事環境を作るために必要となる、企業向けビッグデータの生成・提供と活用を企画開発する企業やディープラーニング技術を活用しビッグデータを分析する企業が「情報・通信」分野で活躍しており、投資家の中でも人気が出てきている。このような企業は企業の業務内容に合わせて、画像認識・処理、音声データから文書を作成する、交通環境情報をもとに様々な対象をカウントする、様々な質問に自動的に回答するなどのプログラムをセットで作成して売り出すことになるだろう。業務に必要なプログラムセットを活用することで、事務系建設コンサルタントの仕事は効率化され、残業時間が減る。これこそが働き方改革本来の目的であり、現実のものとなる。

打ち合わせ記録、委員会議事録の作成

どんな業務でも、顧客との打ち合わせがあり、その記録を取っておくことが求められる。

事務系建設コンサルタントの場合も発注者の打ち合わせ時の記録が必要となり、業務完了検査時にはその提出が求められている。また、各種委員会を開催した時には、教授等の委員が発言したことを記録し、発注者とともにその対応を検討する。委員会の開催回数は一つの業務で三〜四回であるが、その議事録の作成にも結構時間がかかる。いわゆるテープ起こしだ。私はテープ起こしが苦手だったので、いつも速記屋さんに依頼して、会議に参加して頂き、その記録と議事要旨を作成して頂いた。

その場合の連絡や費用はばかにならない。一回につき三万円程度＋移動費用（例えば名古屋〜新大阪間とローカル鉄道費用）を支払っていた。ここで、音声認識機能を活用すれば、デジタルボイスレコーダーに記録した音声をテキスト化できる。また、議事要旨を作成するために、その作成プログラムにキーワードを入れて、その関連の部分を取り出して、読み直して大事なポイントを取り出す。この作業はそれほど負担にならない。打ち合わせ記録、委員会議事録を機械的に処理できれば、全体のコスト削減になり、利益を少しでも大きく残せる。

実施政策の効果レビュー

交通政策に限らず、国土交通省などが実施している各種政策（渋滞緩和策、空き地・空き家対策……）を実施した場合の効果がどの程度なのか、直接効果、間接効果、経済効果、税収効果など様々な効果・影響がわかれば、調査研究に役立つ。国土交通省ではインターネットに各種政策情報を掲載している。また、各工事事務所で実施した施策の効果についても住民・市民説明用に率先してＨＰに載せている。

しかし、業務上すぐにでも欲しい時がある。こんな時には、SiriやGoogleに話しかけ、的確な情報をゲットできると仕事が楽になる。現在のSiriは情報検索は得意だがその内容を文字情報で表現してくれず、こんなタイトルの情報がある、にとどまっている。もう一歩進めば、文章としてライトダウンしてくれるかもしれない。ＡＩ自体は文字情報の意味が理解できていなくても、文章化されているとすぐに利用できる。行政・自治体が実施している政策、施策の数は膨大なので、今までのような検索では時間がかかる。是非とも、ＡＩ道具の活用が必要だ。

必要な元情報をデータベースとして作成することで、実施効果が手軽に扱えるようになる。

交通量観測調査

一般道路の単路部の交通量はすでに自動的に観測されているが、信号現示（サイクル）を検討するための交差点の車種別交通量や自転車、歩行者の交通量全体の観測調査は現在でも調査員がカウンターを片手に数えている。

昼間の十二時間（朝七時から十九時）のカウントや国が管理している主要な国道の場合は二十四時間のカウントになる。一つの交差点で必要となる調査員数は過去に観測されている交通量の多さや、車線数の多さにより異なるが、二車線道路同士の交差点でも、最低四人程度、交代要員を含めて五人程度必要となる。調査員の仕事を奪うことになるが、これを車種、歩行者などが画像として区分できるＡＩに任せたい。現在の自動運転車両では、各種センサーをもとに、車種の区分、自転車歩行者の区分などができるようになっており、すでに十分な道具を準備することができる。

また、最近では民間企業が開発した機器により、ビルの屋上や部屋から交差点を映像として捉え、これまでの人間の観測程度の精度が確保できるようになっている。

ＡＩ道具を活用することにより、機材の準備や調査員に対する費用が削減される。また、外注費用も抑えられる。ＡＩの利用料金は不明だが、何カ所も観測する必要があること、調査員の観測ミスなども考えると、早期に導入すべき道具の一つだ。

将来人口予測

自治体にかかわる将来予測をする場合、十五年、二十年先の性・年齢別の人口を予測することが必要になる。地方自治体の人口予測の多くはコーホート要因法（五歳ピッチの塊ごとに予測する）を利用する。県や市の人口予測では国の予測値を受けて、これをコントロール値として予測する。

また、特定の県、市の人口は合計特殊出生率の動向や死亡率の動向、年齢別の転出・転入の推移にも左右される。ここで問題になる点は二点。

一つは、コントロール値は常に正しいものではない。国の人口予測に誤差が生じる、その誤差を全国の都道府県、政令指定都市に割り振る過程でも誤差が出てくる。誤差の伝播法則だ。

二つ目は、一つの都市を取り上げた場合、出生率、死亡率の変動は比較的小さいが、転出・転入の割合は人口予測値に大きく影響する。

過去にある都市の人口を予測していた時に、大企業の従業員が長崎から大移動するということがあり、市としては人口が増える要因として将来人口に反映しようとしていたが、こんな移動はレアなことであり、人口予測に反映しない方がよい。ディープラーニングにより、出生率や移動率などの変動要因が抽出されて、今より多少でも精度が改善される新たな人口予測方法が確立されることを期待したい。

将来の人の移動量や路線別交通量予測

私が長年かかわってきた「パーソントリップ調査」では、人口の予測をベースにして、将来の移動目的別の利用交通手段別（鉄道、バス、自動車、貨物車、自転車・バイク、徒歩）の十五年、二十年先の予測を行っていた。最終的には自動車交通量や鉄道利用者数を予測し、混雑度などの状況から新たな道路が必要かどうかなどを判断する。

パーソントリップ調査は十年おきに実施され、そのデータも国土交通省に保管されているから、ＡＩによる公共交通機関利用者数や道路の自動車交通量の予測も可能だろう。しかし、予測には誤差がつきものであり、将来のＡＩの進化によって二〇四五年頃に人間の出勤行動、業務活動などが極端に少なくなった場合はどんな予測になるのだろうか。

人々の生活環境の変化が人々の目的別移動にどのように影響しているのか、今後どうなっていくのかについては、以前から検討されてきたが、今も答えが明確になっていない。一日の生活時間の中で、また情報化が進展し、各種ＡＩ機器が増加していく将来の人々の交通の発生がどのように変化していくのか？　移動の目的や利用手段がどのように変化していくのか、その答えと将来の交通政策の効果も含んだ新たな予測モデルが開発されるだろう。

多少興味があるし、将来は現在実施されている大規模調査（東京都市圏一〇億円、京阪神都市圏六億円、中京都市圏三億円：平成初期の調査費用）の必要性が低下するかもしれない。

合理的な自治体政策シミュレーション

入社当時に自治体の十五年後の経済指標の予測を経験した。自治体ではこの予測結果を各部門の政策立案に活用していた。当時は将来の年度別の性・年齢別人口、タイプ別世帯数、タイプ別住宅数、土地利用区分、産業別事業所数、従業者数、歳入額（税種別ごとの税金額）、歳出額（支出項目別金額）など、比較的大まかな将来値を予測していた。それでも、都市計画部隊の政策、経済関係部隊の政策、財政局の政策などの基礎指標として活用されていたようだ。

入社初年度の業務では、システムダイナミックスの考え方に沿って、先輩と二人でFORTRANで約三千ステップのプログラムを組み、将来の分野別の年度ごとの指標の動向を把握していた。また、歳出の項目別支出額はゲーム理論などを使わずに過去のトレンドから算出していた。しかし、実際の政策立案では市長・市議会議員などの意思が反映されている。

当時は、区別の性・年齢別人口を推計しており、交通分野で活用している四段階推計法を適用できる環境にあり、交通量推計（目的別交通手段別交通量、道路の路線別交通量）も可能であった。

しかし、上位計画としてのパーソントリップ調査や物資流動調査は国が中心となって五年ごとに更新される体制があったことで、これらの予測値を算出しなかった。

県や市町村の予測値は国が推計した予測値との整合性が求められるからだ。

人口なら国立社会保障・人口問題研究所が五年ごとの国勢調査値をもとに推計した値があり、県や政令指定都市は国が推計した性・年齢別人口をフレームとして活用する。同様に、道路交通量の将来値を予測する場合にも各地方整備局が推計した交通量と整合するように「リンク間OD表」を作成し、市の境界線で交通量が整合するように市内道路網の路線区間別交通量を推計する。

ただし、人口予測値も、路線別交通量予測値も誤差はつきものである。日本では県や市が国の補助金制度などを活用するために、この「上位官庁予測値との整合性」が重視される。予測には、このような制約がある。県や市の今後の政策立案に必要な各部門の予測値を、AIにより算出できたら、もう少し現実味のある予測値が得られるかもしれない。

ディープラーニングにより精緻化された予測システムが新たな指標を抽出し、一つのケースだけでなく、今後発生する環境変化も考慮して予測していく。また、人口減少が継続する将来においてはあまり夢をみることは期待し難いが、将来予測値の算出が済んだら、経済政策、土地利用政策、住宅政策、交通政策などの政策を立案する。AIが得意とする情報検索、政策の効果などうまく活用すれば、より説明しやすい市民向けの資料作りができそうだ。

AIの道具としてかなり複雑になりそうだが、是非とも実現したいものである。

近い将来において量子コンピュータが開発・実用化されるようになれば多くの変数を含む政策間の関係も明らかになり、効果的なシミュレーションができることだろう。

報告資料の作成

コンサルタントの仕事も最終的には、報告資料の作成が必要になる。一つの業務で何回かの打ち合わせのたびに討議資料、報告資料を作成することが必要になり、年度末の三月の報告資料の提出のために、報告書、概要版、結果の要約版など、いくつかの成果資料を準備することに、多くの時間を取られる。

報告書の作成パターンやキーワードを与えれば、機械的処理が可能となるなら任せたい。現在の段階では、打ち合わせ記録などを音声を読み取ることでテキスト化できるが、ＡＩは人間のように、文章の意味を読み取り、要約することが十分にできない。

今後のＡＩ技術の開発により、報告書の要約版作成もできるようになるだろう。また、説明資料としてのパンフレット作成についても、多くのパンフレットを読み込ませ、多くのパターン認識により、そのイメージを的確に表現できるだろう。

少し期待の大きい内容であるが、原稿の基を作成してくれたら詳細は研究員の知恵を含めて図化できる。報告書の要約版やパンフレット作成は少し先のことになるが是非とも開発して役立てたい事柄だ。

研究員の適性評価・業績評価

どんな企業でもほとんどの場合、適性評価や業績評価は上司が行っている。以前勤めていた会社でも研究員から主任研究員、主幹研究員と昇格する判断は次のような指標をもとに、役員を含めて毎年実施している。能力発揮（技術・知識、企画・開発、顧客継続・新規開拓、業務遂行）、情意、役割貢献という枠組みに対して個人が主観も含めて記述する。また、達成できていない項目に対してどのように対処していくつもりなのか。さらに、過去三年間に携わっているプロジェクト名、クライアント、受託額などについて定型資料を提出する。

右のようなデータと過去の評価例があればコンピュータが評価することも可能になる。

そこで、一つは個人の担当業務に対する適性を評価し、適材適所を行う。企業側は採用とともに各部に張り付けるが、明らかに向いていない人材も存在する。個人別の特性と実績があれば、仕事内容別の評価ができて、個人の業務に対する意欲も変わってくる。

もう一つは上司が評価しているが、上司の評価には客観性・公平性がない場合がある。最終的には上司が判断するにしても、その判断材料にＡＩの判断結果を活用すればいい。人事のＡＩ化はすでにアメリカでも取り入れられている。

『ＡＩ２０４５』からネット広告のセプテーニ・ホールディングス（東京都新宿区に本社が所

在するネットマーケティング事業、メディアコンテンツ事業を手がける子会社を統括する純粋持株会社）の例を抜粋すると次のとおりである。

同社は二〇一五年秋にＡＩによる人事戦略を始めている。仕事への「攻め型」「守り型」といった性格診断や勤怠情報、上司と部下、同僚からの評価、仕事の成果などをすべて数値化する。一人当たりのデータ数は入社時で約一八〇、入社十年目で約八〇〇～一〇〇〇。

人事戦略のカギとなるのはＡＩが示す全社員の「潜在退職率」ランキングであり、成果が低い人だけでなく、ランキング上位の人も適性が高いと判断した部署に異動させる。

ＡＩが数値化したデータを参考に人事を見直している。

結果として退職率は目に見えて下がったとのこと。

また、採用にもＡＩを活用している。学歴や性格診断、グループワークでの活躍度、面接での評価から実際に入社する可能性や三年後の業績と定着率を点数にした。ＡＩが高得点を付けた学生は役員面接でも九五％が合格していることから役員面接を不要にしたとのこと。

ＡＩ道具を準備するために

二〇二〇年になり、数多くの製造企業、コンサルタントが活躍している。

ネットを探ると、人工知能開発事業という言葉が出てくる。ＡＩ導入コンサルティング、Ａ

Iシステム開発が該当する。

ＡＩ導入コンサルティングを実施している大手のコンサルティングとして、エッジテクノロジー株式会社、ボストン・コンサルティング・グループ、アクセンチュア、マッキンゼー、富士通総研、みずほ情報総研、ＮＥＣ、ＮＴＴデータ先端技術などがある。

また、ＡＩ専門のコンサルティングとして、ＡＩ研究所、ブレインズコンサルティング、ブレインパッド等があげられる。

これらのコンサルタントは企業の業務内容を把握して、どんな作業を担うＡＩを導入すると業務改善が図られるのかを検討し、場合によっては企業の収益予測を試みる。

既に、企業内の課題解決に向けて導入したいＡＩを決めている場合はＡＩプログラミングを担当する企業に業務委託をすればいい。

これらのコンサルタントの中で富士通総研はＡＩに関する技術情報をネット上で紹介していることから、私も勉強のためによくアクセスしている。

次は、具体的なＡＩプログラミングにかかわる株価五千円以上（二〇二〇年一月現在）の企業をあげるとＡＬＢＥＲＴ、ＨＥＲＯＺ、ブレインパッド、ＴＩＳ、Kudanの他に、富士フイルム、三菱電機、富士通、ソニー、ファナック、トヨタ、ヤマハ等、「情報・通信」関連企業だけでなく、製造業等でもＡＩ関連の事業を担当している。また、株価が五千円未満の新興企業も数多くある。

このような企業にアクセスして、企業が求めるＡＩの道具を装備して競争力を高めていくことが必要である。

当然ながら、何を目的にしているのか、明確な依頼内容を決めておくことが必要である。ＡＩ企業と言っても多様であり、道具に要求することが画像認識なのか、音声認識なのか、自然言語処理なのか、機械学習による判別なのか、データベースからのディープラーニングなのか、各企業の得意とする技術内容も異なる。例えば、人工知覚の開発、手書き文字認識、ビッグデータの分析、ＡＩによる教育や事務の合理化、ＡＩの核となるアルゴリズム開発、画像診断等、欲しい道具が何であり、どんな使い方をするのか明確にした後で、道具づくりの企業を探すことも必要になる。

課題が明確になったらコンサルタントに相談して、その後具体的な発注を行うことになる。

おわりに

三十数年間の事務系建設コンサルタントとしての生活から、その生活実態や業務環境などを紹介した。事務系建設コンサルタントは一般の事務的な業務と比べて比較的過酷な労働環境と言えるが、残業を楽しんだ時期もあった。仕事を覚えると結構楽な業務分野であり、それなりの稼ぎもできた。

こんな仕事も将来的にはマニュアル的で単純な仕事と同様に機械が代替すると言われている。

これは次のような理由による。事務系建設コンサルタントの業務環境の中には多くの業務マニュアルが存在し、調査研究のアウトプットはその時々の行政課題に応じて変化していくだろうが、私が担当してきた将来予測や経済的な効果・影響を算出することはモデル的な扱いが多く、コンピュータ向きの仕事でもある。

そのため、建築物をCADで設計し、建設現場で建設機械・ロボットを使って建築物を作る作業と同じように調査研究分野の多くがAI任せになっていくだろう。

問題は、「強いAI」が普及し、シンギュラリティが起こるまでに現在の「弱いAI」と言われている要素技術を中心としたAIをどのように活用していくかであり、簡単に機械に仕事を明け渡さない生き方が求められる。

多くのＡＩを活用したシステムが作成された時点では、コンサルタントの仕事内容も変化し、ＡＩをプログラミングする人、ＡＩシステムを研究・開発する人、ＡＩシステムを維持するための技術を持っている人、ＡＩインストラクターとして活躍する人、ロボットを作成する人・整備する人など「ＡＩコンサルタント」と言われるいろいろな職業が生まれてくる。

コンピュータの開発・進歩に対して、現在のような多くのコンピュータ分野の技術者が生まれてきたようにＡＩの分野でも同様な技術者が生まれてくることは間違いのない方向だろう。

なお、ＡＩロボットには人間に危害を与えず、人間の命令に従い、ロボット自身が身を守るようにしていくことが必要である。『アイ，ロボット』に出てきたロボットのように人間に危害を与えないようにするには自分で判断し行動するＡＩを目指さないようにすることが必要であり、事務系建設コンサルタントの業務を支援する範囲にとどめることが必要である。ＩＢＭのWatsonは「人を助ける」「人間の生きやすさをサポートする」ために開発しているものであり、人の仕事を奪うためのものではない。

事務系建設コンサルタントが少しでも快適に業務をこなすために開発するＡＩはあくまでもコンサルタントの業務を効率化または自動化するための道具、労働環境を改善する道具であり、仕事人の世界を脅かすソフトであってはならない。

英国の自然科学者で種の形成理論を構築したチャールズ・ダーウィン（一八〇九〜一八八二年）の名言に次のような言葉がある。

「It is not the strongest of the species that survives, nor the most intelligent that survives. It is the one that is most adaptable to change.」

つまり、「生き残る種とは、最も強いものではない。最も知的なものでもない。それは、変化に最もよく適応したものである」。

ＡＩをうまく活用して、明るい事務系建設コンサルタントの世界が開かれていくことを切に願う。

また、コンピュータの利用を見ると、私の世代ではＦＯＲＴＲＡＮなどによるデータの集計・分析・予測・評価等のための計算、息子の世代ではJavaScriptやＨＴＭＬなどによる情報の伝達・コミュニケーション、そして孫の世代には人間の生活を変革若しくはより豊かにするためにPythonやTensorflow等によるプログラミングが必要になってくる。

さらに現在進行中の５Ｇによる通信速度の飛躍的な向上の他に、現在研究・開発中の量子コンピュータによって、処理速度が格段に向上することが期待されている。

そのために必要なことは、日本でのＡＩ教育である。ＡＩ教育にはプログラミング技術の他に数学、統計や確率の学習も欠かせない。一九九五年からのコンピュータの新たな時代に、コンピュータの教育が拡大したように、ＡＩの分野についても「指定校」制度などを活用して小学生、中学生から技術者育成に努めていくことが望まれる。世界的にも遅れている教育現場でのＩＣＴ活用の環境整備・教員のＩＣＴ技術を高める取り組みを進め、これからのＡＩの時代に向けて子供の好奇心、記憶力、想像力を大切に育んでいってほしい。

最後に本書を仕上げるにあたりお世話になった方々にお礼を申し上げたい。東京図書出版の方々、ありがとうございました。

二〇二〇年七月

佐藤好男

参考文献・資料

◆シンクタンク・事務系建設コンサルタントにかかわる資格関係

「平成28年度技術士第二次試験　統計情報」公益社団法人日本技術士会

◆労働時間・残業関係

「世界の労働時間国別ランキング・推移（ＯＥＣＤ）」グローバルノート――国際統計・国別統計専門サイト

◆業務内容関係

「公共事業評価の費用便益分析に関する技術指針（共通編）」国土交通省

◆人工知能関係

『人工知能は人間を超えるか　ディープラーニングの先にあるもの』松尾豊　ＫＡＤＯＫＡＷＡ

『２０４０年全ビジネスモデル消滅』牧野知弘　文春新書

『人工知能と経済の未来』井上智洋　文春新書

『AIビジネス入門』三津村直貴　成美堂出版
「平成28年版情報通信白書」総務省
「自動運転の実現に向けた今後の国土交通省の取り組み（二〇一七年六月）」国土交通省自動運転戦略本部（PDF資料）
「人工知能はビジネスをどう変えるか」安宅和人『DIAMONDハーバード・ビジネス・レビュー』（二〇一五年十一月号）ダイヤモンド社
『AI vs. 教科書が読めない子どもたち』新井紀子　東洋経済新報社
『ロボットは東大に入れるか』新井紀子　新曜社
『改訂新版　ロボットは東大に入れるか』新井紀子　新曜社
『みんなでつくるAI時代』伊藤恵理　CCCメディアハウス
『誤解だらけの人工知能』田中潤　松本健太郎　光文社新書
『知の進化論』野口悠紀雄　朝日新書
『AI2045』日本経済新聞社編　日経プレミアシリーズ
『人工知能のきほん』ニュートンプレス
『人工知能　ディープラーニング編』ニュートンプレス
『ディープラーニング活用の教科書』日本ディープラーニング協会監修　日経クロストレンド編　日経BP社

「『意志あるところに…』アインシュタインから日本人へのメモ、競売で二億円近く」（産経ニュース〈共同通信社〉二〇一七年十月二十五日）
「ＡＩに必要とされる透明性と説明可能性」"FUJITSU JOURNAL" 木村知史（日経ＢＰ総合研究所）（二〇一九年八月二十八日、九月十三日）
『稼ぐＡＩ』中西崇文　朝日新聞出版

佐藤　好男（さとう　よしお）

1981年、東京都立大学大学院工学研究科修了、工学修士。技術士（建設部門、総合技術監理部門）。SF映画大好き人間。1981年より事務系建設コンサルタントとして主に交通政策・交通計画に関する調査研究業務に従事。2014年退職。

働き方改革とAIの活用

2020年8月7日　初版第1刷発行

著　者　佐藤好男
発行者　中田典昭
発行所　東京図書出版
発行発売　株式会社 リフレ出版
〒113-0021　東京都文京区本駒込 3-10-4
電話（03）3823-9171　FAX 0120-41-8080
印　刷　株式会社 ブレイン

ISBN978-4-86641-335-8 C0034
Printed in Japan 2020